U0196154

我的『百年飞行联队』

■ 吴林照 著

上海文化出版社

图书在版编目（CIP）数据

我的"百年飞行联队" / 吴林照著 . -- 上海：上
海文化出版社，2017.7
ISBN 978-7-5535-0793-4

Ⅰ. ①我… Ⅱ. ①吴… Ⅲ. ①航模 - 制作 - 青少年读
物②航空 - 技术史 - 世界 - 青少年读物 Ⅳ. ① V278-49
② V2-091

中国版本图书馆 CIP 数据核字 (2017) 第 162057 号

发 行 人：冯　杰
出 版 人：姜逸青
责任编辑：金　嵘
整体设计：金　嵘

书　　名：我的"百年飞行联队"
作　　者：吴林照
出　　版：上海世纪出版集团　上海文化出版社
地　　址：上海市绍兴路 7 号　200020
发　　行：上海世纪出版股份有限公司发行中心
　　　　　上海福建中路 193 号　200001　www.ewen.co
印　　刷：上海丽佳制版印刷有限公司
开　　本：787×1092　1/16
印　　张：19
印　　次：2017 年 8 月第一版　2017 年 8 月第一次印刷
国际书号：ISBN 978-7-5535-0793-4 / Z.0114
定　　价：108.00 元
告 读 者：如发现本书有质量问题请与印刷厂质量科联系 021-64855582

目录

前言

2008 年，《航空知识》编辑部为纪念《航空知识》创刊 50 周年，举办了征文活动。我写了一点纪念文字寄去，结果被刊用了。下面就是这篇征文原稿的部分内容。

《航空知识》是我接触的第一本军事科普杂志，也是我中学时代仅有的一本兵器杂志。

在上个世纪 60 年代初，我刚好在上初中。当时的学习没有现在这么紧张，课余时间可以凭着自己的兴趣爱好玩点模型制作。我以玩舰船模型为主，但也是米格 -21 和图波列夫喷气式轰炸机的粉丝。在制作舰船模型的同时，我也会做几个仿真飞机模型调剂调剂，图纸就是靠着《航空知识》每月提供的一张跨页飞机的黑白线图绘制，其中立体图、三面图、剖面图、细节详图、文字标注和比例尺寸、数据等一应齐全，资料翔实可靠。不像现在的军事杂志，虽然有精美的彩图，但是经常缺剖面，无比例，资料不完整。

那时候，家里每个月给我一些生活费，主要用来中午吃饭和买学习用品。钱不多，要计划好。当时上海"翼风"模型店里的模型材料是很便宜的，两分钱可以买一小支快干胶，一角钱可以买一大把木条和木皮。而《航空知识》当时的售价是两角钱，对一个初中生来讲这是一个不小的数字！有时候经过邮局，望着心仪已久的《航空知识》躺在柜台里，站在柜台前面的我，两腿像灌了铅似地挪不动，口袋里的两毛钱（纸币）被手揉了又揉，发个狠心把钱抽出口袋，买下《航空知识》。我的心情立刻由阴转晴，昂首迈出邮局，顿时觉得天空阳光灿烂！当然我付出的代价也是蛮大的：我下一个星期的中午饭只好用吃素菜来节约开销了。

久而久之，我成了《航空知识》的忠实读者，耳濡目染，潜移默化的影响之下，我也有了飞天梦。

上世纪 60 年代是一个国际形势风起云涌的时代，世界被分成以苏联和美国为首的两大敌对阵营。大家剑拔弩张，气氛很紧张。我们作为红色接班人当然爱憎分明，立场坚定地支持社会主义阵营的军事装备。而米格 -21 以它"双 2"的性能成为我们心中的大明星。我决定自制一架米格 -21。照着《航空知识》上的米格 -21 线图，自己用木棍削机身，用木片做机翼，用钝刀子刻出蒙皮线，整流锥、空速管、副油箱、空 - 空导弹等一应俱全，估计比例是 1：48 的样子，然后手涂银漆，在尾喷管里插一根铁丝，固定在天花板下的墙角落里，为下方的图式轰炸机伴飞。拿当时的豪言壮语来表达，那真是：红色战鹰翱翔蓝天，反帝气概直冲云霄。没多久，"文化大革命"来了，《航空知识》又一次停刊了。接着上山下乡，浪迹天涯。光阴如梭，一晃几十年过去了。年轻时候的舰船梦、飞机梦终成"南柯一梦"。说实话，现在老花镜下的模型制作不啻于自己的兴趣爱好，也是对儿时理想的回望和追思。

上面的文字就是发表在《航空知识》的短文，现在有所修改。

人说江山易改禀性难移，我的模型制作习惯倒也印证了这一点，在退休前后的一段时间里，我重拾小时候模型制作的兴趣爱好，完成了由 25 艘舰船模型组成的"时光舰队"，并撰写了一本用舰船模型来诠释五个世纪以来的舰船发展史的《我的"时光舰队"》。

在制作舰船模型期间我也穿插了一些飞机模型制作，比如当时刚刚入役的国产歼 -10 战斗机和我的儿时最爱——歼 -7 战斗机等等。本来想好做完 25 艘舰船模型就收手的我，又沉湎于飞机模型的制作之中。并且数量急剧膨胀，居然可以组建一个"百年飞行联队"！于是我把每个模型飞机的历史和掌故汇集成册，编撰成书，书名为《我的"百年飞行联队"》。书中介绍了飞行史上有代表性的 100 架军用飞机。其中有 77 架是飞机模型，其余的用照片和手绘表现。用"同比模型飞机"来诠释上世纪初至今的一百多年来轻型军用航空器的发展史。

序

有鸟焉，其名为鹏，背若泰山，翼若垂天之云；抟扶
摇羊角而上者九万里，绝云气，负青天，然后图南，且适
南冥也。

——庄周《逍遥游》

一、梦鲲鹏

我们昂首眺望蔚蓝的晴空，一望无际的深邃和清澈。
蓝天上，飘逸的白云膨胀翻转变幻无穷，高耸的云端里矗
立的似乎是晶莹圣洁的天堂。蓝天白云的故事引起我们多
少美丽遐想。云彩深处似乎伫立着威严的南天门，易怒的
天公似乎逼视着人间罪与罚，电闪雷鸣犹如天谴，平添了
我们多少诚惶诚恐。无垠的天空吸引着多少勇敢的探险者
为之振臂一跃。神秘的天穹隐藏着多少奥秘等着我们去探
索和发现。

达·芬奇设计的飞机

英姿飒爽的鹰隼翱翔在万里长空，用犀利的目光扫视
着大地山野的一举一动。循规蹈矩的大雁变换着整齐的队
形长途跋涉，不畏艰辛往返迁徙。勤劳的蜂蝶挥舞着飞翅，
上下翻飞辛勤劳作，连小小的蚊蝇也能振动着双翅，嗡嗡
作响四处营生。上苍赐予它们的翅膀，令它们能自由飞翔，
引发我们多少羡慕和向往。

感谢上苍赐给人类四肢，令我们能行走奔跑，成为纵
横平原山野的大地之子。只要稍加练习，人类能游泳潜水，
成为畅游江河湖海的浪里白条。何时我们还能像鸟类一样

达·芬奇设计的直升机草图

"万户"飞行试验

法国蒙哥尔费兄弟制作的载人热气球

自由翱翔，成为像天鹅那样能从容应对海、陆、空三栖的生物种类，也许这是人类千百年来最浪漫的梦想。

在科技水平和社会生产力低下的年代，人类飞天的试验从来没有成功，"飞天"的故事仅仅是美丽的神话和对未来的憧憬。中世纪时期，欧洲人想通过模仿鸟类的形态来飞行。他们用羽毛扎成翅膀，从高处跳下，模仿鸟的飞行，结果都以失败告终。文艺复兴时期的博学大师——达·芬奇科学地研究了飞行问题，画出了飞行器草图，这个飞行器看上去像一架人力扑翼机。达·芬奇同时还设计了直升机的草图。17世纪后期，意大利人博雷利探讨了人类肌肉与飞行的关系后，证明了"人类靠自己的体力作灵巧的飞行是绝对不可能的。"

在中国，传说在明朝有一个勇敢者，名叫"万户"，也有人称为"万虎"。他在一把座椅的背后装上47枚最大的火箭，让人把自己捆绑在椅子上，两只手各拿一个大风筝。然后叫他的仆人同时点燃47枚大火箭，想借火箭向前推进的力量，加上风筝上升的力量飞向前方。这次勇敢的试验的结局是冒险家从高空坠落身亡。

在18~19世纪，人们制作了轻于空气的飞行器——气球和飞艇，人类才开始逐步实现空中飞行的理想。首次将载人气球制造成功的是法国蒙哥尔费兄弟，他们于 1783 年 6 月 4 日进行了自己制作的热气球表演。1783 年 8 月 27 日，法国人查理制作的氢气球在巴黎上升到约 915 米，飘行了约 25 千米后降落。

齐柏林飞艇

　　气球随风飘流，不能控制前进方向。带有动力且可操纵的气球——飞艇是顺理成章的最佳结果。最著名的飞艇是德国齐伯林伯爵在 1900 年制成的"LZ-1"号飞艇，长 128 米，容积约 11300 立方米。而改进后的"LZ-7"号飞艇可载 20 人，装有 3 台 88 千瓦（120 马力）的活塞发动机，巡航速度为 60 千米 / 小时。1937 年 5 月 6 日，飞艇从德国飞往美国时发生火灾，从此结束了飞艇的商业航行，"飞艇"热大大降温。

　　人类在利用气球和飞艇进行飞行成功的同时，许多航空先驱者对重于空气的航空器也在进行探索和试验。19 世纪初，英国人 G·凯利首先提出了利用固定翼产生升力和利用不同的翼面控制及推进飞机的设计概念。正确的理论指导，是飞机走向成功的第一步。他于 1849 制成一架滑翔机，并将一个 10 岁的小孩带到几米的上空。

G·凯利

　　活塞式发动机的出现，为重于空气的飞行器的发明提供了现实可能性。美国莱特兄弟继承了前人的研究成果，他们制造了滑翔机，进行了飞行操纵试验，又自行设计和制造了风洞，进行了大量空气动力试验，在试验的基础上又制造新的滑翔机，进行了近千次飞行，获得完全成功。1903 年，莱特兄弟设计和制造了带活塞发动机的"飞行者一号"飞机，并于当年 12

"飞行者一号"飞机

月17日成功地进行了4次动力飞行。第四次飞得最远，约260米，留空59秒。实现了人类首次持续的、有动力的、可操纵的飞行，开创了现代航空的新纪元。后来，莱特兄弟又制造了"飞行者"二号和三号，后者是第一架实用的飞机。1906年，莱特兄弟设计的飞机获得专利。在20世纪初，欧洲其他国家如法国、俄国等也相继研制成功飞机。

莱特兄弟一蹴离地的瞬间，航空先驱们的不懈努力终于让人类实现了千年飞天梦。让我们怀着感恩的心情来仰望早期的飞行侠士们的高大身躯，深切缅怀在航空发展史上毕生奉献和英勇献身的长空豪杰。

二、梦穿越

模友都知道拼装仿真模型飞机的常用比例是：1/32、1/48、1/72和1/144等等，下图是1/144的英法"协和"号客机。资深玩家多以1/48为制作战斗机题材的主流比例，因为无论是50厘米左右的体量还是各种细节的表现，都非常合适展示、陈列和观赏。1/72的模型飞机大概10-30厘米左右大小，零件的数量和机体内部的构件要比1/48的略少一点，但座舱细节的制作难度略高。目前，模

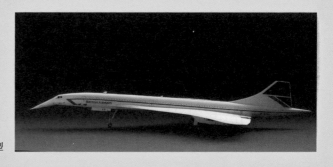

1/144 "协和"超音速客机模型

人类首飞的"飞行者一号"模型

杜蒙设计制造的"蜻蜓"飞机模型

型厂家有大量推出 1/72 的飞机题材的趋势。

作为一个模型爱好者，我制作了 75 架 1/72 和 2 架 1/144 的模型飞机。我模型制作的软硬条件都是有限的。住房是两房一厅，家里不可能有很大的模型制作和储藏空间，只能安心于 1/72 的小飞机模型制作。我买的 1/72 飞机模型一般都是最便宜的板件，常以"只有烂手艺，没有烂板件"自我解嘲。模型题材的选择基本上是战斗机、侦察机和轻型对地攻击机——这些在飞行器家族中的小个子们。巴掌大小，比较好拿捏、陈列和储藏。我自制了史上第一架飞机"飞行者一号"模型，还自制了世界上第一架轻型飞机——法国杜蒙设计制作的"蜻蜓"飞机模型——还不如掌心大，最大的 SR-71 侦察机则有我们的一个上臂长短。据说一个 1/72 的 XB-70 轰炸机有一把吉他大小，要给它安个家可不是一件容易的事。如果两架 1/72 的大个子模型飞机放在一起，大概要一个大桌子才放得下。就我而言，除非住上了别墅才有制作这种大型飞机的可能。这就是我为什么只做 1/72 小型军用飞机模型的原由。

因为做的都是同比模型，模型的空间维度是等价的，但这 75 架飞机生产年代有先后，所以时间参数不相同。让我们"穿越时空"，沿着时光隧道把百余年的飞行器集合在一起，让我们一起展示、一起观摩、一起把玩这百年来的各国航空精英。从气动外形看飞行速度、从翼面布置看机动性能、从座舱设计看飞行员视界…… 我尽可能地把航空发展史上创第一的代表机型囊括其中，吹起"第一"的集结号，闻声飞来的有大名鼎鼎的开山祖"飞行者一号"，史上第一架水上飞机、第一架飞越英吉利海峡的飞机、第一架战斗机、第一架直升机、第一架喷气机、第一架隐形飞机……

航空工业是 20 世纪发展最迅速、深刻影响人类社会的科学技术领域。航空发展的历史是一部以人类的聪明才智征服天空的历史，是现代科学技术和现代工业的结晶，它的发展体现了科学技术的强大威力。我用模型组建"百年飞

英国老人在 50 年时间里，手工制作了 350 架飞机模型

行联队"来记录和展示航空科学技术一个世纪以来的前进足迹。

三、梦回眸

据国外媒体近期的报道，英国一位匿名老人在 50 年时间里，手工制作了 350 架飞机模型，共涉及 15 个国家的多种飞机机型，几乎涵盖了一战之前的所有机型。每一件飞机模型与真实机型都严格按照 1/72 的比例进行手工制作。作品的一些细节精彩绝伦。业内人士认为，它们完全是由手工完成，非常娇嫩。没有一件作品能够在一周之内完成。这位老人决定在英国格洛斯特郡多米尼克-温特拍卖行拍卖这些飞机模型。对于这样传奇的模型玩家的敬佩之意，套用现在的网络语言，只有一句话："大师，请收下我的膝盖。"和匿名大师相比，我的区区 77 件飞机模型不足挂齿，但是我也有不可名状的苦衷。我自小喜爱模型制作，但有 30 多年因生活动荡，是我模型制作的空白期，期间不可能有安逸的模型制作环境和心情。但在生活安定后的退休前后这段时间里，我能制作出 25 件舰船模型和 77 件飞机模型，亦算是收获颇丰了。

英国老人的模型题材是以一战前的机型为主。我的 77 件模型飞机则是从实现人类首飞的"飞行者一号"起，沿着时间轴线，从活塞式飞机到喷气式飞

第五代喷气机

苏俄"米格"家族照

早期的隐身设计飞机，美国 SR-71、F-117

一战时期英法生产的战斗机

机，从喷气一代机到当今的五代机，从固定翼飞机到直升机，从有人驾驶机到无人驾驶机"X-47B"将它们都收入其中了。现在我制作的 77 架飞机模型中，模型厂家出了板件的，就买板件做。有些想定的题材，买不到板件的，就动手自制，我一共全自制了十余架飞机模型。从 1903 年到一战前的十余年时间里，航空技术日新月异，航空运动蓬勃发展，新颖飞机频繁登场。我一口气自制了八架有代表性的老爷珍宝飞机来纪念这个英雄年代。这些珍贵的全自制小飞机是市面基本上买不到的稀罕之物。另外，我还自制了四架旋翼直升机，以便诠释直升飞机的概念和发展史。

有网友提议把我的"百年飞行联队"做成"百机宴"。这个建议如果能实现当然非常理想。一百年来的飞机发展历程，每年有一架代表性的模型飞机。照现在的规模再增加二十来架就行了。虽然制作二十来架模型飞机只需要一到两年的时间，可是现在我已经六十有余，囿于我现在的目力、脑力、精力以及对抗"甲苯"的能力，几经权衡，我最后决定放弃"百机"模型制作计划。对于这余下的二十来架飞机用照片和手绘插图来展示，汇成百架飞机组成的"百年飞行联队"，使《我的"百年飞行联队"》内容更趋合理和翔实。

喷气一代机

直升机

无人驾驶机"X-47B"

四、鹰翅疾如风，鹰爪利如锥

对于"百年飞行联队"的百架飞机，我从模型玩家的认知角度，试着对它们做逐一的介绍，并按着时间顺序和技术特征编成飞行联队来叙述。在分门别类细述前，先把模型集中起来，来个开场大检阅。

飞行编队的建制在世界各国都不尽相同。为了方便，我虚拟编成了一个的百年飞行联队，约8架飞机组成一个分队，累积构成中队、大队和联队。敬请行家里手千万别较真。

侧耳细听，于无声处引擎疾转声声低吟，极目远望，天际线上的小黑点迅速膨胀，我们的"百年飞行联队"已经列队迎面而来，人类靠着自身的智慧创造了翱翔长空的巨鹰，伴随着机械轰鸣的噪音传入耳鼓。"百年飞行联队"的各个飞行分队以独特的编队，按着时光的轴线缓缓飞来，"百年飞行联队"的盛大检阅的序幕已经拉开。

"莫-索 L 型"　"竞赛者"

"鸽"式飞机

"蜻蜓"

"寇蒂斯一型"

"布莱利奥 11 型"

"鸭子"水上飞机

"飞行者一号"

"航空先驱"分队

　　首先映入眼帘的,是由怀抱飞天梦想的仁人志士组成的"航空先驱"飞行分队,其中的机型都是飞机发明后十余年内的空中奇葩。划过长空的两架美国飞机,带头长机是我们仰慕已久的"飞行者一号"。请记住 1903 年 12 月 17 日这个激动人心的日子,这是人类改变天空历史的日子。美国人莱特兄弟给自己制作的飞机安上了一个相当于现在割草机功率的发动机。在北卡罗莱纳州海滩上的摇晃一跃,人类终于依靠自己的不懈努力升空离地,实现了千百年来人类的飞天梦想。后面一架是美国的"寇蒂斯一型"舰载机,1910 年 11 月 14 日,由尤金·伊利驾驶的"寇蒂斯一型"飞机在美国"伯明翰"号巡洋舰上起飞,标志着世界上第一架舰载机的诞生。中国首位飞机设计师、工程师和飞行家冯如先生制造的"冯如二号"飞机,是名副其实的神州第一机。冯如是开拓中国航空事业的先驱、勇于为航空事业献身的英雄,是中国人的骄傲。"冯如二号"飞机是参考美国的"寇蒂斯一型"飞机设计的,两者区别甚小。

　　尾随而来的是高卢勇士小队,其先声夺人的庞大阵型足见当时法国航空科技雄厚实力和高超水平。辉煌的过去,鞭策着法兰西人不遗余力地维护其航空大国的地位。

　　被誉为欧洲"莱特"的桑托斯·杜蒙先生在 1908 年制造的"蜻蜓"单翼机(中

中）。这是世界上最早的超轻型飞机。有趣的是：飞机的主梁是三根来自东方的竹子，倒也算是名副其实的"竹蜻蜓"了。紧跟着的是 "布莱利奥 11 型"单翼机，1909 年 7 月 25 日凌晨 4 时 35 分，布莱里奥驾驶他设计的"布莱里奥"11 型"单翼机成功飞越英吉利海峡。此型飞机参加了 1911 年的意土战争。所以讲它还是世界上最早的军用飞机。

法布尔制造的"鸭子"水上飞机摇弋而至，它被世人称为"水上第一机"。独特的"鸭翼"构型，体现了法国人超凡脱俗的气质，并保持至今，且被欧洲人认同。法布尔在 1910 年 3 月 29 日成功驾驶"鸭子"水上飞机从福斯贝尔河面上起飞。法国竞速单翼机"竞赛者"，它急不可耐地疾驰而来，"竞赛者"在 1912 年创造了 203 千米 / 小时的飞行速度，是当时飞机中的 "F1"。其后是被世界公认为第一架战斗机的法国"莫－索 L 型"飞机。它由于装备了法国飞行员罗兰·加洛斯的"射击断续器"，初步解决了飞机的机载机枪射击时被螺旋桨干扰的难题。被誉为世界第一架概念完整的战斗机。

远处疑似巨"鸽"飞来，这架条顿人制造的"机器鸽"，窃以为是仿生学的杰作。1911 年意军的"鸽"式飞机以小型炸弹攻击土军阵地，首开飞机使用武器之先例。

"先驱"飞行分队缓慢通场，它展示的是从飞机发明后的十余年时间里，航空先驱们以巨大的激情投入方兴未艾的飞机设计、制作、凌空飞行中取得的各种科技成果。当我们怀着崇敬的心情关注着航空器突飞猛进发展的十年之时，令我们始料不及的是，人类发明航空器没多久，就被投入列强争霸的血腥杀戮之中。

"信天翁"D Ⅲ "福克"Dr1 "容克"J1 "S.E.5a" "福克"E系列 "骆驼" "斯帕德" "纽波特"-28

"空中骑士"分队

参与一战的"空中骑士"分队挂载着各式武器，耀武扬威、风度翩翩地飞了过来。里面壁垒分明地分成了两大阵营。

同盟国小队的领衔长机是德奥的"容克"J1全金属结构技术验证机。在一个功率仅为120马力的发动机驱动下，经过反复验证，"容克"J1速度达到惊人的170千米/小时。尾随其后的是"福克"Dr1是一种单座三翼飞机，德国的王牌飞行员里希特霍芬驾驶的就是这种机动灵活飞机，击落敌机达80架之多。

后右是德国"福克"E系列飞机，它安装了福克公司的三位工程师发明的"螺旋桨和机枪射击协调器"，使机枪的瞄准和飞行员的视线在一条轴线上，从实战意义上讲，"福克E系列"才是世界上第一种真正意义上的战斗机。德国的"信天翁"D Ⅲ战斗机，"信天翁"具有个性强烈的纺锤型外观特征，它成为一战中德国夺取欧陆制空权的最优秀机型之一。

协约国小队的英法战机如期而至。我很钦佩高卢人从飞机发明至今一直不缺优秀飞机。前方带头的是法国名机"纽波特"-28。大洋彼岸美国来的远征军航空队接受了297架法国"纽波特"-28，它为美国人创造了一些著名的王牌飞行员。尾随的又是一款法国名机"斯帕德"，因为安装了西班牙生产的新型"依斯帕诺·西扎"水冷V形八气缸发动机，性能优越的"斯帕德"名噪一时，这一款是当时美军的涂装。

这架是英国人在一战中的著名战机"S.E.5a"，尾随的那架就是名声显赫的"骆驼"。两者各具特色，互为补充，相辅相成。它们的出现，迅速扭转了一战后期的制空局势，成为英国早期航空史上的两大明星。

"喋血雄鹰" 分队

　　二战是人类史上最大规模的战争。是反法西斯同盟国阵营和法西斯轴心国阵营的对决，参战双方泾渭分明，浴血奋战。二战时期，双方大本营已经有了清晰的认识，制空权是决定战争胜负的关键所在。为夺取制空权，双方投入兵力与武器之多，战斗规模之大，战斗之激烈，乃至战争后期的空战效果对战争所产生的影响都是空前的。同时，浴血奋战的活塞式飞机其性能也发展到了极致。二战后期，纳粹德国研制的各种新概念飞机纷纷亮相，但因为没有形成规模效应，对战争的结局没有产生大的影响。我把它们划入下一个分队。

　　"喋血雄鹰"分队首先飞来的是美英苏盟军小队，只要听听它们的一句话介绍，就可以知道它们的厉害了。右下角的领衔长机是苏联"米格"系列开山祖——米格-3 歼击机、紧跟着的是获得欧洲最佳战机称号的英国"喷火"战斗机、随后的是美国"歼击机之王"的 P-51 战斗机。中排是美国"双身恶魔"P-38 战斗机、"杀手之王"F4-U 舰载机和英国的反潜高手"华莱士"水上飞机。再来看看后排的"轴心"小队精英。从后排右侧到左侧分别为：曾救过意大利法西斯头子墨索里尼一命的德国 Fi-156 侦察机、号称二战"传奇性王牌机"的 Bf-109、日本的万能战机"零"式飞机和德国的螺旋桨又拉又推"食蚁兽"Do-335 战斗机。二战期间涌现了大批优秀战机，另外有些机型，我将在专门章节以插图的形式展示。

"喷气战士"分队

　　德国凭着自己先进的航空技术，在二战后期已经生产并列装了喷气式战机。喷气式发动机一改活塞式飞机用螺旋桨向后吹风的飞行模式，而用机尾喷口向后喷气。喷气式发动机的工作原理与活塞式发动机理迥然不同，且功率强大，飞机的速度和升限可以大幅提高。我把早期的喷气式飞机集合在了一起，里头还有一架德国制造的火箭发动机飞机。在这里我们先一睹纳粹德国喷气机的模样，排在最前的是世界上最早出现的喷气式飞机。1939 年 8 月 27 日，德国飞机设计师亨克尔设计的 He-178 单翼机，装有欧海因设计的世界首台 HeS3B 涡轮喷气发动机，在德国著名飞行员瓦西茨的驾驶下升空，飞行速度达到 700 千米 / 小时。前排的左面是大名鼎鼎的梅塞施密特 Me-262 "飞燕"喷气式战机，世界上第一种量产喷气战机。该机于 1944 年夏末参战，成为航空史上第一种投入实战的喷气战机。前排中央的 He-162 轻型截击机是德国第二种量产喷气战机。图中身材短胖丑陋的德国制造 Me-163 战斗机，是世界首创的火箭动力截击机，在参战各国当中独树一帜。

　　二战结束不久，以美苏两国为首的冷战拉开帷幕。两大阵营纷纷亮出空中神器，在朝鲜战场展开厮杀。图片中的其他飞机是二战以后美苏两国制造的喷气式战机：美国 F-84 战斗轰炸机、美国 F-86 战机、苏联的米格 -15 战机和 F-86 同为带后掠翼的高亚音速飞机，在朝鲜战场上是一对老冤家。美国空军的主力重型截击机 F-89 的平直机翼设计和二战飞机的气动外形差不多，说明速度不是很高。这一分队的飞机，可以把它们称为喷气战机家族中的"一代机"。

"银燕竞速" 分队

经过科学家长时间的研究和技术准备，喷气式飞机的速度开始冲击音速。1947 年 10 月 14 日，美国的火箭试验研究机在 12800 米高空达到 1070 千米 / 小时的速度（马赫数为 1.015），人类首次突破了音障。1953 年，美国 F-100 "超佩刀" 战斗机的高空平飞速度达到 1220 千米 / 小时，也突破了音障。喷气飞机的诞生和速度突破音障，是航空发展史上的第三次重大突破。

众多喷气式飞机展开了超音速竞赛，有些机型迅速达到 2 马赫左右（2 倍音速）的速度。让我们一睹突破音障、实现超音速飞行的传奇勇士们。

图片前面两架是苏联米格家族的成员：达到音速两倍的米格 -21、超音速的米格 -19，中国仿造后的编号为歼 - 6。同一时期，欧洲诸国也研制了速度达到 2 马赫的战机，著名的有瑞典 SAAB "龙" 战机和英国 BAE "闪电" 战机。后面三架均为美国制造的超音速战机，美国海军的 F - 8、空军的 F-100 和达到音速 2 倍的 F-104 战机。这是世界各国认定的所谓 "二代机"。

"灵巧飞侠"分队

　　当大家在为各自战机在两万米的高度，用 2 马赫的速度疾驰而兴奋不已时，各国空军也发现了这些飞机的低空机动性比较差，于是战机设计开始分化。出现了既能满足低空格斗任务又能执行高空远程飞行任务的"可变后掠机翼布局"飞机，比如苏联米格 -27 战机，在低速飞行时将机翼伸平直，在高速飞行时将机翼收进成三角翼。英国在 1966 年研制成功了"鹞"式垂直和短距起落战斗机。后排的那个大家伙是 1976 年美国研制的 SR-71 侦察机，它创造了喷气式发动机飞机的速度世界纪录—— 3529.56 千米 / 小时。

　　面对战斗机的成本暴涨，军方开始将战斗机的任务合并。中左是美国 F-4战斗机，它原先设计成美国海军的截击机，但后来成功变为一种多用途战斗机，被美国空军、海军、海军陆战队和其他国家的军队广泛采用。

　　法国达索飞机公司生产的"超军旗"舰载攻击机，在"马岛战争"中因用飞鱼导弹击沉英国战舰而大出风头。以上的战机都具备"三代机"的设计特征。

苏 -37　　米格 -31　　F-15　　F-14
米格 -29　　F-18　　"台风"
"幻影" 2000　　歼 -10　　F-16

"当代豪杰" 分队

　　20 世纪 70 年代至 90 年代初，多用途战斗机变得非常流行。此时的战斗机的设计通常是一专多能。同时，真正意义的多用途战斗机也纷纷登场。与前一代的战机不同，第四代战斗机的设计考虑超视距作战和近距格斗并重，电传控制和放宽静稳定性设计被广泛采用。第四代战斗机典型机型包括前苏联的米格 -29、米格 -31、苏 -37 系列、法国"幻影" 2000、欧洲"台风"，以及美国的 F-14、F-15、F-16 和 F/A-18 和中国的歼 -10 等。

　　这次我们将战机分成三列来介绍，图片后面一列都是重型双发动机战机，从右至左分别为美国 F-14 战机、F-15 战机、俄罗斯米格 -31 战机、苏 -37 战机。中间一列是中型战机，从右至左分别为欧洲"台风"、美国 F/A-18 和俄罗斯米格 -29 战机。前列是中型或轻型单发动机战机，从右至左分别为美国 F-16 战机、中国的歼 -10 战机和法国"幻影" 2000 战机。

　　这些四代战机中的绝大部分都翱翔在当今的蓝天，有些机型经过升级改造，已经成为和五代战机性能不相上下的"4 代半"战机。是目前空中战机的中流砥柱，当今天空的主人。

"未来之子"分队

　　仰望蓝天，"未来之子"已经疾驰而来，新技术验证机、无人战机、第五代战斗机呼啸而至。作为目前最先进的一代战斗机，飞机具备内置武器的隐身设计，同时还带有能降低飞行员工作载荷，提高其状态感知的综合航电系统，可以超音速巡航、超机动作战、使用维护简便等全新特征。

　　由美国率先研制的最新一代F-22和F-35战机已经服役成军，当这两新锐战机正当感慨打遍天下无对手而寂寞孤独之时，俄罗斯的T-50和中国的歼-20拍马而来。歼-20、T-50、F-35和F-22战机，这些战机是当今世界航空工业集成了新锐顶尖技术的巅峰之作。在后排我们可以看到世界上首架投入实战的隐形战机——美国的F-117和刚刚在航空母舰上完成技术验证的无人舰载机X-47B。俄罗斯的"苏"-47前掠翼技术验证机，它们对当今新锐战机的各个领域做了详尽的探讨，为下一代的新型战机积累了技术储备。

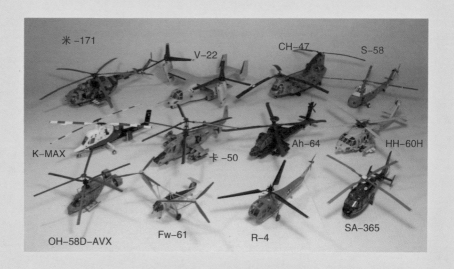

"旋翼家族"分队

在我们目送了"未来之子"分队靓丽走秀以后，远方传来奇特的轰鸣声，这是直升机发动机和旋翼舞动时发出的怒吼。做飞机模型的"同好"们都知道，他们喜欢把有固定翼螺旋桨飞机叫做"风扇"，而把直升飞机称作"吊扇"，比喻很形象。直升飞机在航空器的分类上是"旋翼机"中的大类，直升机的飞行原理很像我们小时候玩的竹蜻蜓。

在缓缓进场的直升机方阵中，我们首先看到的是轻型直升机。前排中间是1936年试飞成功的德国 Fw-61 载人直升机，这是世界上公认的第一架直升机、经过西科斯基反复试验后在1942年定型的，世界上首架量产的 R-4 直升机。目前准备技术验证的美国 OH-58D-AVX 武装侦察直升机，新改型最大看点是取消尾樑和抗扭尾桨，改为两个并置涵道推力风扇，成为名声显赫的欧洲直升机公司 SA-365 直升机。

中排打头的是美国的 K-MAX 交叉旋翼机，大家好好想一想，它的两个并列交叉旋翼究竟会不会打架？后面是俄罗斯的卡-50 单座武装攻击直升机和美国 AH-64 "阿帕奇"武装直升机，双座串列，世界上武装直升机中的大佬。随后则是美国的救援直升机 HH-60H。

后排则是俄罗斯的米-171 武装运输直升机，美国 V-22 "鱼鹰"倾转旋翼机是分类的麻烦制造者，我们先看看它的概念：V-22 的旋翼短舱垂直向上时，产生升力使飞机垂直起飞、降落或悬停；当操纵系统改变旋翼短舱的方向，向前方倾斜时，可使飞机改变飞行状态并向前飞行；这是目前世界上唯一一种既非直升机又非固定翼飞机的航空器，有点非马非驴的意思，现在姑且放在直升机分队里。紧随其后的则是赫赫有名的"飞行香蕉"CH-47 双旋翼纵列式运输直升机，最后的美国 S-58 直升机，是一种很典型的单旋翼加抗扭尾桨布局，是直升机设计中的主流样式。

第1章 航空先驱 翱翔蓝天

5月的上海，还是春雨潇潇。窗外沥沥的雨声时而细语轻声，时而激越回旋，我的思绪随低沉的雨云缓缓远去。我细细把玩从葡萄牙带回的"大航海纪念碑"微缩雕刻品，它让我回想起500年前的那段历史：欧洲沿海的各民族纷纷进入了地理大发现时代（亦称大航海时代），他们航海探险，传播基督教，扩张领土，贸易敛财，完成了财富积累。这些钱财中的一部分启动了工业革命的发展大潮，各国列强先后进入工业化时代。大型钢铁厂拔地而起，机械工业蓬勃发展。装载着蒸汽机的万吨级战舰耀武扬威，游弋大洋。

奥托发明了汽油机

1876年，德国人奥托（Otto）发明了汽油机。在当年的巴黎世博会上，他发明的"内燃机"完全淹没在铺天盖地的展品中。多亏一位评委慧眼独具，发现这台0.5马力的二冲程直立式汽油发动机具有的惊人的热效率，奥托发动机最终获得了世博会金奖。由于蒸汽机的燃料在汽缸外的锅炉里燃烧，被称为"外燃机"，而奥托发动机的燃料却在气缸内燃烧，因此叫"内燃机"，正是这种"内外有别"，导致发动机的热效率从10%一举提高到25%。1885年德国工程师卡尔·本茨（Benz）在曼海姆制成了一辆汽车，采用一台两冲程单缸0.9马力的汽油机作为车载动力。

本茨制造了首辆汽油车

1897年，德国人鲁道夫·狄赛尔（Rudolf Diesel）发明了柴油机，他因此被誉为"柴油机之父"。德语的"柴油"一词，就是从他的名字发音而来的。如今，他发明的柴油机，在汽车、船舶、航空等整个工业领域都得到越来越广泛的发展。

当时的工业化成就，为即将到的航空时代提供了物质上的现实可能性。

回顾世界航空发展的历程，在20世纪以前主要是飞行探索，开启了热气球、飞艇这类轻于空气的飞行器的升空和飞行。美国和欧洲的航空先驱，孜孜不倦地研究重于空气的

狄塞尔发明了柴油机

航空器。英国的航空先驱 G·凯利在其著作中写道："全部问题是如何应用足以抵抗空气阻力的动力来使翼面支持一定的重量。"这就是动力飞行的基本原理。德国的 O·李林达尔。他从 1867 年起研究滑翔，1891 年设计并制成一架滑翔机，1893–1896 年间作了约 2000 次滑翔飞行，滑翔距离曾达 300 米。

20 世纪初，莱特兄弟沿着德国人李林达尔开辟的道路，汲取了前人的经验，把内燃机作为飞机的动力，成功地实现了人类第一次动力飞行，在航空史上作出了划时代的贡献。

李林达尔试制的滑翔机

制作飞机，在任何时候都是越轻越好，当时飞机的制作材料基本上就是木材骨架、帆布翼面，配以钢索固定机体形状。再安排好内燃机、螺旋桨和驾驶员的位置，能飞上天就是极大的成功。

20 世纪初期的航空活动是一项集时尚、科技、冒险、观赏于一体的嘉年华式 "飞行秀"。航空先驱们往往既是飞机设计师、制造工程师，又是飞行表演家。他们携带着飞机周游世界，他们像勇士一样驾机飞上天空，时而折角通场、时而上下翻飞、升爬俯冲，像英雄一样在万众欢呼中返回着陆，受到众人的仰慕。激励了更多的热血青年投身到方兴未艾的航空大潮之中。

早期的航空活动是一种 "飞行秀"

不过，飞机发明没多久就被意大利人用于意土战争，他们在陆军中组建航空队，搞起了世界上第一次 "察 – 打" 一体化军事活动。

由于当时的飞机设计制作都是在起步阶段，飞机的失事率很高。我国的第一位飞行家冯如先生就是在广州的一次飞行表演中因动作过猛，引起飞机失速，导致机毁人亡，年仅 29 岁。

飞机发明后没多久就被用于战争

现在，就让我们怀着对航空先贤献身精神的崇敬心情来打开第一章。从历史上第一架飞机的诞生开始，讲述 20 世纪初那激情燃烧的航空时代。

1

莱特兄弟的 "飞行者一号" 双翼飞机

莱特兄弟

"飞行者一号" 首飞

20世纪初期，美国的莱特兄弟（Brother Wright）发明了世界上第一架飞机——"飞行者一号"。他们放飞的"飞行者一号"鸭式双翼机，为开创现代航空事业做出了不朽的贡献。我的"时光飞行联队"的头雁非它莫属。

当时的莱特兄弟怎么会想到要造出一架飞机来呢？故事要从1877年的圣诞节说起。莱特兄弟的父亲送给小兄弟俩一件特殊的圣诞礼物——一个飞行螺旋桨，它能在空中飞翔。"鸟才能飞呢！它怎么也会飞？"兄弟俩有点怀疑。爸爸笑了一笑，当场做了表演。他先扭紧橡皮筋，然后一松手，它就发出呜呜的声音，向空中高高地飞去。兄弟俩这才相信，人工制造的东西也可以飞上天。从这以后，在他们的幼小心灵里，要制造出一种能飞上蓝天的器物的理想就生根发芽了。1896年，莱特兄弟在报纸看到一条消息：德国的航空先驱李林达尔因驾驶滑翔机失事身亡。这个消息对他们震动很大，但是这反而坚定了弟兄俩进一步探究空中飞行原理、前仆后继冲击蓝天的决心。

"飞行者一号"性能数据

翼　展：12.3 米

机　长：6.43 米

高　度：2.74 米

翼面积：47.4 平方米

全　重：约 360 千克（含驾驶员）

动　力：12–16 马力水冷直列 4 缸活塞引擎 1 台

最高速度：16 千米 / 小时

乘　员：1 人

　　莱特兄弟开着一家自行车商店。他们一边干活挣钱，一边研究飞行的资料。三年后，他们掌握了大量有关航空方面的知识，弄清了飞行三要素：升举、推进、操纵。他们从制造滑翔机开始摸索并获得经验，先后制造了三架滑翔机。他们用自己建造的风洞来测定各种形状机翼的流体力学性质，其中第三架滑翔机的性能最佳，他们在上面安装了发动机。发动机由莱特自行车公司的技师查理·泰勒设计制造。它能够发出 9 千瓦的功率，最大功率可达 12 千瓦。虽然还不到现在一台手扶拖拉机的功率，不过重量只有 70 千克。

　　经过历时 5 年的不懈努力，莱特兄弟研制的动力飞机"飞行者一号"终于完成了制作。这是一架双翼机，机首有两个有鸭翼似的升降舵，机尾有两个垂直方向舵，操纵索集中连在操纵手柄上。飞行员是头朝前的趴在下机翼上操纵飞机，飞机的方向控制是移动连接到尾部的摇架来达到，飞行员靠着移动摇架来牵动缆线使机翼扭曲而达到改变飞行方向的目的。

　　1903 年 12 月 17 日，莱特兄弟驾驶自己制造的飞机，在受邀参观的农民朋友们见证下成功离地，前后共飞行了 4 次，第四次飞行 59 秒，距离 260 米。世界上第一架飞机诞生了，人类第一次驾驶飞机飞行成功了！

"飞行者一号"模型照

　　莱特兄弟把这个消息告诉报社，可报社不相信有这种事，拒不发布消息。莱特兄弟并不在乎，继续改进他们的飞机。不久，兄弟俩又制造出能乘坐两个人的飞机，并且在空中飞了一个多小时。1908 年，莱特兄弟成立了自己的飞机制造公司，接受美国陆军的第一批订货，成为世界航空事业和飞机制造业的开端。

　　1904 年 1—5 月，莱特兄弟制造的飞机，性能有了很大提高。1905 年又制了"飞行者三号"。它在试验中留空时间多次超过 20 分钟，距离超过 30 千米。10 月 5 日的试飞取得的最好成绩是：飞行时间 38 分钟，飞行距离 38.6 千米。"飞行者三号"共飞行了 50 次，全面考察了飞机具有的重复起降、倾斜飞行、转弯、圆周飞行、8 字飞行能力。能进行这些难度较大的机动飞行和有效操纵表明，这架飞机已具备实用性，因此被看作是第一架实用飞机。

　　莱特兄弟的首次飞行，留空时间仅 12 秒，飞行距离 36.6 米，而今天的飞机留空时间长达十几小时，最远距离可达数万千米，最大速度可达 3000 多千米 / 小时。飞机已经成为人类不可或缺的交通工具。面对这些进步，人们不应忘记，所有这一切都是从这"12 秒"开始的。

制作模型机翼

建立飞机的整体架构

不同视角的模型照

"飞行者一号"的翼展和歼-10的长度差不多

　　市面上只有 1/39 的"飞行者一号"模型销售。这个 1/72 的"飞行者一号"是我自制的第一个飞机模型。我搜罗了有关"飞行者一号"的资料，按 1/72 放好线图，把机翼拷贝到胶板上。早期的机翼是将帆布蒙在机翼肋骨上，所以肋骨上有凹下的阴影，我把砂纸卷成圆形当锉刀，把机翼上的凹槽慢慢的打磨出来，如此搞定了这么多的"鸡肋"。下面就是把飞机的整体架构建立起来，支撑杆是用购物卡切成丝成型的。

　　"飞行者一号"飞行员的操控状态是采用的卧姿，飞行员人偶也要自制。首先假设莱特兄弟的身高为 1.75 米左右，1/72 后应为 25 毫米左右。紧接着就是做发动机、排烟管、油箱和传动支架，而螺旋桨则是用其他直升机旋翼改的。我手涂了各个翼面，并把各个零件都涂好了油漆。早期的飞机有很多的固定索，我用一种很细的扫把丝漆成黑灰色，仔细地连好纵横交错的紧固索。如果要问我这次模型制作有什么体会的话，我觉得这次模型制作像是在搭脚手架，为了脚手架的牢固还反复把它们捆绑结实，在完成制作后我从各个方向按压它，整个模型纹丝不动，结构相当硬扎。

　　我把已经做好的飞机放置在一起把玩，咱们的"头雁"还真是个大个子呢。它的机翼面积要比一战名机"斯帕特"13 和"福克"Dr.1 的总和还大！"飞行者一号"的翼展达到了 12.3 米！和咱们的歼-10 的飞机长度相差无几。正是不比不知道，一比吓一跳。

2

杜蒙的 "蜻蜓" 轻型单翼飞机

轻型单翼机 "蜻蜓"

桑托斯·杜蒙

自从美国莱特兄弟的 "飞行者一号" 飞机一飞冲天，全世界掀起了制造飞机和航空的热潮。当时住在法国的巴西人桑托斯·杜蒙（Santos-Dumont）在飞机研制上被誉为欧洲的 "莱特"。桑托斯·杜蒙在 1873 年 7 月 20 日生于巴西圣保罗，1891 年第一次去法国，对气球飞行甚感兴趣。1893 年 7 月 4 日，他自己设计的第一个气球升空。1901 年，因驾驶飞艇绕艾菲尔铁塔飞行成功而获奖，此后兴趣转向飞机。1906 年 11 月 12 日，驾驶自己设计制造的 "14 比斯" 双翼机在 6 米高度持续飞行了 21 秒钟，飞行距离为 220 米。是重于空气飞行器在欧洲的第一次持续飞行，创造了国际航空联合会承认的第一个直线飞行速度纪录——41.29 千米 / 小时。

1908 年，他制造了一架上单翼的 "蜻蜓" 小飞机，这架飞机翼展仅 5.49 米，被认为是世界上最早的轻型飞机。最有趣的是，飞机主梁用的是三根竹子，倒也算是名副其实的 "竹蜻蜓" 了。

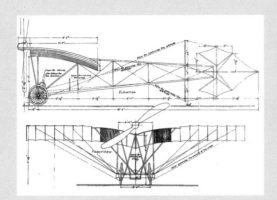

"蜻蜓" 轻型飞机性能数据

翼　展:	5.49 米
机　长:	7.92 米
机　高:	2.40 米
翼面积:	10.68 平方米
全　重:	118 千克
动　力:	28 马力 Darracq 发动机 1 台
最大速度:	90 千米 / 小时
乘　员:	1 人

"蜻蜓" 模型照

1/72 的 "蜻蜓" 真的只有蜻蜓这么大

　　看到 "蜻蜓" 珍贵的历史照片，引起了我自制的欲望。我在网上搜索、下载了 "蜻蜓" 的线图，缩放成 1/72 的施工图纸。我在模型店买来了英国 "剑鱼" 鱼雷攻击机的板件，取它的机翼来改造。我家的一个台扇坏了，准备扔垃圾桶。我看上面的网罩可以用来制作纵梁，变废为宝了。"蜻蜓" 的翼根部有个上反角，我把裁好的机翼用热水浸泡后弯曲成型。制成的零件要经常和 1/72 的图纸比对，保证制作的比例尽量准确。小飞机的零件不多，很快制作好了，后部的支撑杆已经完成。装配好的 1/72 "蜻蜓" 真的只有蜻蜓那么大哎。机翼下面坐着的杜蒙和翼面上的发动机，也全是自制的。

3

布莱里奥的 11 型单翼机

1908 年底，英国的著名报纸《每日邮报》设立 1000 英镑奖金，奖给能够驾驶飞机飞越英吉利海峡的飞行家。有鉴于此，法国飞行家布莱里奥 (Louis Bleriot) 先生怦然心动，他决心驾驶自己设计的"布莱里奥 11"型单翼机飞越海峡。这架飞机的后部机身没有蒙皮，但安装了一个气囊，如果遇到坠海事故，气囊能使飞机浮在水上。该机装一台 25 马力的安尼托发动机。

布莱里奥

1909 年 7 月 25 日凌晨 4 时 35 分，布莱里奥驾驶他的飞机从法国起飞。飞行 10 分钟后，飞机抛开了在海上监护此次飞行的法国鱼雷驱逐舰。布莱里奥孤独地飞行在海面上，飞机上没有高度表和速度表，也没有指南针引导方向，他几乎是依靠直觉在飞行。驾驶舱没有安装挡风玻璃，海峡上空的大风吹打着他的脸庞。晨曦渐现，英国的陆地进入了视野，布莱里奥惊喜地辨认出多佛的悬崖峭壁。飞机下降到快接近地面的时候，布莱里奥特关掉了引擎，在离地面 20 米时失控坠毁，螺旋桨和起落架损坏，但布莱里奥却没有受伤。他爬出飞机，和周围的人互相庆祝这个历史性的胜利。他用了 36 分钟时间，飞行距离 41.9 千米，成功飞越了英

"布莱里奥 11"型单翼机飞越海峡

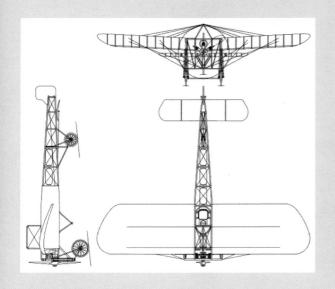

"布莱里奥 11"型单翼机性能数据

翼　展：7.8 米

机　长：6.5 米

机　高：2.5 米

翼面积：23 平方米

空机重量：227 千克

发动机：25 马力安尼托引擎一台

速　度：106 千米/小时

乘　员：1~2 人

吉利海峡。

　　布莱里奥的飞行生涯可谓险象环生。从 1905 年到 1909 年间，他发生过近 50 次坠机事故，每次都大难不死。从摔坏的飞机残骸中，布莱里奥总会奇迹般地站起来。过不了多久，他驾驶着一架自己新设计的飞机又翱翔在空中。让我们赞美这位随时准备为航空事业献身的空中勇士。

　　1911 年 9 月 27 日，意土战争爆发。开战后，意大利陆军动员 9 架飞机、11 名飞行员组成航空队参战。在这 9 架飞机中，有 2 架为"布莱里奥 11"型单翼机、2 架"亨利·法尔芒"型双翼机、2 架"鸽"式单翼机和 3 架"纽波特"式单翼机。10 月 15 日，这 9 架

安尼托发动机

飞机以及 11 名飞行员乘军舰抵达的黎波里海湾。10 月 23 日上午，
航空队队长皮亚扎上尉驾驶"布莱里奥 11"型飞机飞往的黎波里
与阿齐齐亚之间的土耳其军队阵地上空进行航空侦察，从而揭开
了飞行器用于军事目的之序幕。而后"鸽"式飞机对土耳其阵地
施行榴弹轰炸。所以，"布莱里奥 11"型单翼机还是世界上第一
架军用侦察飞机。

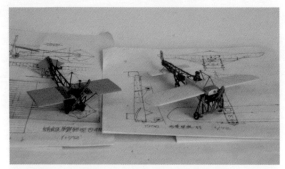

"布莱里奥 11"型和小兄弟"蜻蜓"在一起

不同视角的"布莱里奥 11"型模型照

"布莱里奥11"型单翼机另一视角

当时的飞机都有很多紧固索

模型的自制过程很简单，只要找到准确的线图和参考图片。找些可借用的零件，再自制一些零件，整个过程不难。我利用了英国剑鱼鱼雷机板件的机翼，已经制作了2架小飞机。剩下来的还可以做一架呢！

飞机尾翼

作为世界上第一批投入军事用途的飞机，我们把它和意土战争中的战友"鸽"式飞机放在一起合影留念。

"布莱里奥11"型和战友"鸽"式飞机

4

中国制造的第一架飞机 "冯如 2 号"

冯如

最近，传来了让中国航空爱好者兴奋的好消息，我们的新一代大飞机"C919"试航成功。早在上世纪初，中国人冯如就设计制造了中国人自己的第一架飞机。1908 年 5 月，冯如集资在美国奥克兰市东九街 359 号创办了以制造飞机为目标的"广东制造机器厂"。在近 75 平方米的厂房里研制飞机，体现出中华民族为发展航空事业而奋发图强的精神。冯如读了许多航空书刊，特别对莱特、杜蒙、法尔芒和寇蒂斯等著名飞机设计师的设计资料认真研究。1909 年 9 月，在世界第一架飞机问世不到 6 年的时间里，冯如完成了中国人制造的第一架飞机"冯如 1 号"。当时中西报刊竞相报道，美国《三藩市考察者报》在头版显著位置刊登了冯如的大照片，赞誉冯如为东方的"莱特"。

1911 年 1 月，冯如又研制成功了一架新型飞机"冯如 2 号"，并于 1 月 18 日试飞成功。1912 年 8 月 25 日，冯如在广州燕塘公开进行飞行表演中因操作过猛，机毁人伤。医院抢救无效，冯如以身殉国，年仅 29 岁。冯如是开拓中国航空事业的先驱，是以航空救国为己任的革命家，勇于为航空事业献身的英

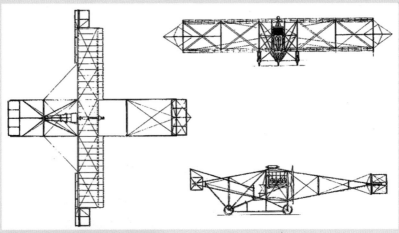

寇蒂斯

"寇蒂斯"1型飞机性能数据

翼　展：9米，

翼　弦：1.37米

机　长：8.14米

机　高：2.44米

螺旋桨直径约：1.83米

自　重：328.86千克

动　力：寇蒂斯 V −8缸引擎　75马力

乘　员：1人

"寇蒂斯"双翼飞机上舰

雄。"冯如2号"是参考美国"寇蒂斯"1型飞机设计的，和"寇蒂斯"1型相比，"冯如2号"只是在翼展上相差几英寸，油箱被移到机翼上方，机翼与尾翼连接的撑架间多架一副小撑杆，两者之间的区别很小。

格伦·寇蒂斯(Glenn Curtis)是美国航空先驱、飞行家、著名飞机设计师。他制造了"寇蒂斯"1型飞机。年轻时，他从事自行车、摩托车和发动机制造业务，他发明了世界上第一台航空专用发动机。当时世界海洋列强开始着手论证飞行器对

"寇蒂斯"双翼飞机，是世界上第一架舰载机

海军舰队作用，他迷恋于水上飞机的设计制作，为海上舰队的水上飞机和舰载机上舰做了开创性的前期试验工作。

1910年11月14日，在美国弗吉尼亚州汉普顿水面上，由两艘驱逐舰护卫下的"伯明翰"号轻型巡洋舰缓缓靠泊码头。今天，"伯明翰"号一改昔日的模样，舰艇安装了一个长25.3米、宽7.2米的木质平台，平台上惹人注目地停放着一架"寇蒂斯"双翼飞机。下午3时，阴霾渐开，"伯明翰"号巡洋舰启锚逆风航行，由尤金·伊利驾驶的"寇蒂斯"双翼机顶着乌云，摇摇晃晃地飞出了舰艇的木质飞行平台，飞离了军舰。飞机擦着水面飞行了4千米，降落在远处的海滩上。虽然当时飞机还无法着舰，但它标志着世界上第一架舰载机已经诞生。

模型机身构建

模型总装

不同视角的"冯如2号"模型照

　　我做这个题材是一石二鸟,既是纪念我们的航空先驱冯如先生以及国产的第一架飞机,又展示了世界上第一架舰载机的风范。

　　我按照"冯如2号"的图纸,自制了机翼的各个部分的翼面并用立柱撑起,用粗一点的扫把丝把前机身细心地搭起来,有些重要连杆用了缝衣针来制作。在完成了后机身以后,各种小零件也到位了,最重要的是把梁柱之间的张线做得挺括,这个不难,但需要很大的耐心。利用买来的英国"剑鱼"的翼面板件,我已经制作了三架可爱的小飞机。

5

天际线上的"机器鸽"

"鸽"式飞机

"鸽"式飞机性能数据

翼　　展：14.35 米

机　　长：9.85 米

机　　高：3.15 米

翼面积：38.84 平方米

重　　量：全重 870 千克

最大速度：115 千米 / 小时

续航时间：4 小时

动　　力：100 马力梅赛德斯 D-1 水冷
　　　　　直立型 1 台

乘　　员：1~2 人

　　在 20 世纪初欧美航空业的激情岁月里，美国人和法国人热情高涨，空中明星们携带各种设计新颖的飞机争奇斗艳，招摇过市，成为一时的佳话。慢热的条顿人后来居上，也有了上乘表现和令人印象深刻的新款飞机。

　　1910 年，德奥生产的"鸽"式单翼机（Etrich Taube）是人类早期的仿生学杰作，是一只"机器鸽子"。"鸽"式单翼机的气动外形与飞鸟极其相似，木制机架，外敷蒙布，钢管支柱，张线牵引，其钢管与机身骨架连接其成一体的结构装置极为奇特，其牢固程度不亚于双翼飞机，此外以扭曲翼尖取代副翼。生产型分单座与双座两种，与同时期英、法所制同型单翼机相比较，无论品质及性能均略胜一筹。"鸽"式飞机自 1910 年在奥地利和德国众多工厂投产，至 1916 年，共生产五百余架。

　　"鸽"式飞机是目前流行的"察－打"一体机的开山祖。1911 年的意土战争中，意大利曾派出 9 架飞机参战。11 月 1 日，一名叫加沃蒂的中尉飞行员事先在一架"鸽"式侦察机的座舱里放了四枚 2 千克级的"西佩利"榴弹。他驾驶飞机飞临土军阵地上空进行侦察时，用手投掷了四枚榴弹，引起了土军的极大慌乱，首开了飞机使用武器对地攻击之先例。至一战始，"鸽"式机被广泛应用在战场上担任侦察、巡逻等任务。

　　1914 年，德国空军的"鸽"式飞机空袭巴黎，有数枚炸弹落在瓦尔米码头，造成数人死伤，开启了飞机攻击敌后方城市之先例。此外，这架飞机还散发传单告诉巴黎市民，德国人已兵临城下。

　　"鸽"式飞机也是中国的第一款军用飞机。清宣统三年（1911年）七八月间，革命先贤陈英士电召我国留英航空先驱厉汝燕返国，并嘱代购飞机数架运返参加革命，厉汝燕精选各国飞机，最后选中奥国制造的"鸽"式飞机，遂订购两架。当年12月运抵上海时，清廷已被推翻，未能赶上参战。厉汝燕被委任沪军革命督府航空队长，民国元年（1912年）元月15日，"鸽"式机在上海跑马厅表演飞行成功。

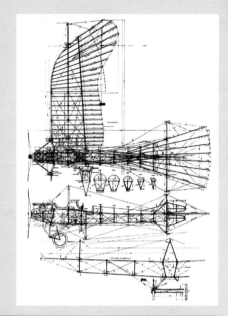

　　我的"航空先驱"分队里有8架模型飞机，是从1903年"飞行者一号"首飞后，到一战前的十年时间里，各国涌现出来的先驱级飞机里认真遴选出来的。这些可爱的老爷飞机都是航空史上的珍宝，8架飞机模型全是我自制的。"鸽"式飞机是其中最后一架。两片机翼是用六片胶板反复拼贴打磨成形的，机身用废余板件重构，驾驶舱是自己用刀片抠出来的。看到网上的照片，座椅上有安全带，就用蚀刻片改出来了，张好线以后，犹如满身缠满蜘蛛网。在完工后拍照欣赏，这只看似优美的"机器鸽"，原来是一个凶悍的飞行杀手哦！

不同视角的"鸽"式模型照

6

法布尔的"鸭子"水上飞机"

1910 年拍摄的试飞时法布尔的"鸭子"水上飞机

在 20 世纪初的航空热潮之中，法国人表现抢眼。创造了很多航空史上的世界第一。这是高卢民族的荣耀和自豪。联想到当下，法国人仍然孜孜不倦地坚持发展自己的航空工业并取得骄人业绩，也是在情理之中。

法国早期飞行家亨利·法布尔（Henri Fabre），出生在马赛一个船主家庭。成年后就读于马赛耶稣学院，在那里潜心学习科学。后来，他开始研究飞机和螺旋桨推进器设计，并申请了多项漂浮装置的专利。凭借这些技术，他成功地研制了世界上第一架可以在水面上起降的水上飞机。

1910 年 3 月 29 日，法布尔成功驾驶名为"鸭子"（Le Canard）的水上飞机从福斯贝尔河面上起飞。那天他连续完成了 4 次飞行，最长的一次飞行了约 600 米。

亨利·法布尔

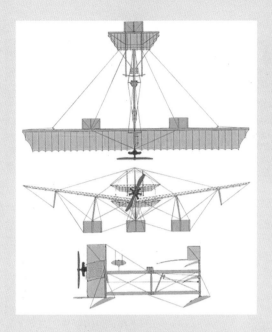

“鸭子”水上飞机性能数据

翼　展：14 米
机　长：8.50 米
机　高：3.66 米
翼面积：17 平方米
整机重量：475 千克
最大速度：89 千米／小时
乘　员：1 人

1910 年拍摄的试飞时法布尔的“鸭子”水上飞机保存至今，目前陈列在马赛机场。

　　我的制作过程从打印 1/72 的线图开始，但是细看图纸，感到有些细节和 1910 年的历史照片有不同之处，主要是两个小垂直翼面的位置不相同。为了尊重历史，我选择了实机的状态。下一步筹集“建材”，像装修工一样开料、开片，我用蚀刻片锯靠着钢皮尺锯了 3 根 2×2 毫米的方料，切割了 1.5 毫米宽的塑料片一批，用其他模型飞机的机翼来改制长达 20 厘米的新机翼，一共接了 5 段，最中间的那段还需要一个上反角。找

“鸭子”的“鸭”式气动布局

机翼大梁上的蜂窝结构

组装好的机翼

各种自制的零部件

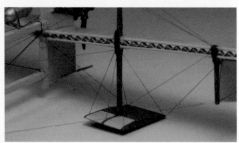

各种自制的零部件

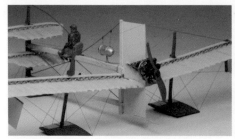

各种自制的零部件

人偶飞行员和鸭翼

来舰船栏杆蚀刻片的边料做机翼大梁上的蜂窝结构，为此我还锉掉了一把镊子，当专用工具来折角。独特的1.5毫米宽的"瓦楞纸"成型了，上下是塑料片，中间是折了角的蚀刻片。机翼大梁是模型上的一大看点。各种零件都自制到位，看着已经到位的浮筒细节。断断续续做了一个月的"鸭子"完工啦。最后和我做的另一架水上飞机，英国30年代的"华莱士"水上飞机合个影。

"鸭子"模型照

"鸭子"水上飞机和"华莱士"水上飞机

　　美国飞行家寇蒂斯来到巴黎向法布尔求教,法布尔把自己研制水上飞机的心得和资料,毫无保留地与寇蒂斯做坦诚交流,有力地促进了寇蒂斯水上飞机研制技术的提高。让我们向这两位致力于水上飞机研制的航空先驱脱帽致敬!

7

"竞赛者" 单翼机——飞机中的 "F1"

"竞赛者" 竞速飞机

"竞赛者"单翼机性能数据:

翼　展: 6.65 米

机　长: 6.1 米

机　高: 2.3 米

翼面积: 19.66 平方米

动　力: 160 马力 Gnome 风冷旋缸

重　量: 610 千克

速　度: 209 千米 / 小时

机体结构: 层板、麻织物、油灰涂层

最大续航时间: 2.5 小时

　　"竞赛者"（Racer）竞速型单翼机一反当时大家用帆布蒙飞机机体的传统做法，而是采用硬壳式蒙皮和流线型的机身，它是由法国德培杜辛公司(Deperdussin)建造的法国早期高速飞机。在一战爆发的前几年时间里，有人尝试在圆形的木制隔框上铺上几层很薄的三合板来制作飞机的蒙皮，但因为很费工，以这种施工方式做出来的飞机没几架，其中最著名的的是法国的"竞赛者"飞机。这架快速且流线型的单翼机的壳状机身是由上下两片压模成形的木质三合板接合而成。后人在复制"竞赛者"时仍采取了当时的工艺，流线型和机身全封闭设计，结合一个圆形横截面，重量轻，强度高。它安装了160 马力的发动机。

　　"竞赛者"单翼机有一个气动性能优越流畅的单翼，完善的机身结构和承载式车轮形式，结合一个理想的圆形横截面机身，飞机的整体重量轻，强度高，被大家称为"飞机中的赛车"。

　　它在 1912 年首飞，一下子飞出了时速超过 185.2 千米的纪录，1913 年的"戈登·贝内特"杯飞机竞速比赛中，它创造了飞行时速 130 英里 / 小时（210

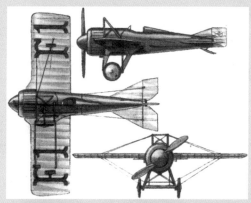

飞机中的"F1"——"竞赛者"

制作中的"竞赛者"

千米／小时）的世界纪录，获得"戈登·贝内特"奖杯，所以被誉为飞机中的"F1"。

先看一下"竞赛者"的图纸，剖面确实是圆形的，我用各种剩余模型零件加上马克笔的笔杆拼凑出机身，原来想借用的"斯帕特"机身对不上号，机腹切下重新改型需要很大的耐心，机体的几大部件到位了，自制的起落架差强人意，但是螺旋桨整流罩和发动机舱还是可以的。这个小东西的涂装我做得不甚满意，留下了一丝憾意。

8

加洛斯和"莫拉纳·索尔尼埃"L型飞机

"莫拉纳·索尔尼埃"L型战机

开篇以前，先给个战斗机的定义：战斗机是指主要用于保护我方运用空权以及摧毁敌方使用空权能力的军用机种。为了满足这项目标，需要强调飞机的机动能力、速度以及火力等性能；现代的先进战斗机多配备各种搜索、瞄准火控设备，能全天候攻击所有空中目标。简而言之就是争夺制空权的飞机。

世界上公认的第一种真正意义上的战斗机是法国的"莫拉纳·索尔尼埃"L型飞机。

1914年8月第一次世界大战爆发，交战双方各有近千架飞机参战，飞往敌方阵地上空进行侦察。为了阻止对方飞机执行这一任务，一种可将敌机驱逐出己方阵地上空的作战飞机应运而生，当时称为驱逐机，后发展成战斗机（或称歼击机）。它们的飞行性能和作战能力都有很大提高，可执行近距支援、空中格斗等任务。早期使用的推进式螺旋桨战斗

加洛斯

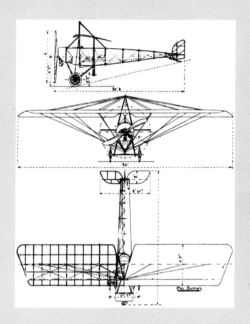

"莫拉纳·索尔尼埃"L型战斗机性能数据

翼　展：11.2 米

机　长：6.76 米

机　高：3.93 米

翼面积：27.00 平方米

空　重：385 千克

动　力：80 马力风冷 7 转缸 1 台

最大时速：115 千米 / 小时

升　限：4,000 米

最大留空时间：2.5 小时

乘　员：1~2 人

武　器：机枪 1 挺

机、飞机机头或机身前部装有机枪，螺旋桨在后面推进，不影响机枪射击。这种安装了武器的飞机，侦察驱敌两不误。这些飞机的驾驶员在后座，观察员兼射击手在前座，一般配备一至两挺机枪。不过推进式飞机虽然便于武器射击，但机动性差，往往对付不了将螺旋桨安装于机头前面的灵活牵引式的拉进式侦察机。而牵引式设计的困局是如何才能让子弹顺利穿过高速旋转的螺旋桨射向目标，又不损坏螺旋桨叶片。

　　法国飞行员加洛斯意识到使用前射机枪的必要性，于是带着机械师朱勒斯·于找到飞机设计师索尔尼埃一起解决这个问题。他们在加洛斯所用的"莫拉纳·索尔尼埃"L型单翼机的发动机罩上安装一挺 8 毫米口径的机枪，然后在木质螺旋桨叶片上可能被子弹击中的部位包上金属片，并在桨叶后方加装钢制的"楔形偏导块"，使子弹在击中叶片时就会滑开跳弹。由于飞行员视线和机枪轴线能在一条直线上瞄准攻击敌机，飞行员驾驶飞机和攻击敌机两不误，不需要另外配备机枪手。

　　1915 年 4 月 1 日，罗兰·加洛斯驾驶装备了"楔形偏导块"的"莫拉纳 - 索尔尼埃"L型飞机击落了一架德国侦察机，取得了战斗机空战的第一次胜利。

　　随后，德国的"福克 E3"式单翼机，由于装备了性能更好的"枪 - 桨同步射击"凸轮装置，以其优异的飞行性能和更猛烈的火力，成为第

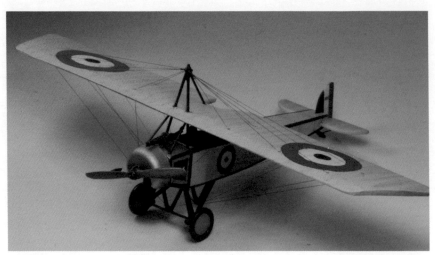

"莫拉纳·索尔尼埃"L型模型照

一次世界大战中性能最好、击落飞机数量最多的战斗机。

亨利·法尔芒（左）和瓦赞

另外，我们简要地介绍另外三位法国飞行家和飞机设计师法尔芒兄弟和瓦赞。亨利·法尔芒是第一个驾驶可操纵的实用飞机进行飞行的欧洲人。在早期的飞行活动中多次创造飞行速度、高度和飞行距离纪录。他在 1907 年对瓦赞设计的首批飞机之一的"瓦赞"式推进螺旋桨双翼飞机作了改进，并驾驶该机创造了多项航空纪录，直线航行 711 米、封闭曲线航行约一千米，载客飞行和在布伊至兰斯间的市际飞行（17 分钟，27 千米）。1909 年在兰斯航空表演中首创续航时间纪录。同年，法尔芒兄弟开设飞机制造公司，弟弟莫里斯·法尔芒设计了著名的 M.F.7 侦察机。飞机制造公司在一战中为法军提供了 1200 架飞机。而瓦赞设计了装有机枪的推进式战斗机，成为世界上第一架推进式战机。

航空事业发展早期的英雄时代，精英层出不穷，技术日新月异。在"航空先驱"制作的飞行器中法国人设计制作的占了大一半，法兰西民族对早期航空事业作出了重要贡献。

装在螺旋桨上的"楔形偏导块"

"楔形偏导块"对着机枪口

机身添加了肋骨

"莫拉纳·索尔尼埃"L型（右）和"福克"E3

飞机尾部

机头处的细节

　　1/72 的"莫拉纳·索尔尼埃"单翼机的模型板件在国外有卖。但不是"L"型的，我决定自己做。第一步还是找到线图缩放成 1/72。然后用模型店买来的一战小飞机改造，为了结构强度，我剖开机身添加了肋骨，飞机的机身被改成折角线型，主要部件都按尺寸进行了修改。机翼加宽了，引擎罩改成半敞开式的，引擎罩内侧的打磨花了我整整半天，打薄以后才能装进旋转式内燃机。"莫拉纳·索尔尼埃"L型上的"楔形偏导块"是这个模型飞机的看点，也是制作的难点。我用剩余的飞机武器挂架板件来改制，然后在总装时小心翼翼地对上机枪口。在漏喷机徽和垂直尾翼、油漆补色、消光等调整后，把这个宝贝疙瘩呈现给大家。

第 2 章 空中骑士 血染长空

1903 年，世界上第一架有动力的飞机诞生了。当设计、制造和试飞的莱特兄弟沉浸在巨大的喜悦之中时，他们恐怕没有想到一种新的战争武器将由此问世。飞机出现后最初前十几年，基本上是一种运动和娱乐的工具，主要用于竞赛和表演。但是没多久这个"会飞的机器"被派上了军事用场。它们先是用于侦察，为陆军部队作耳目。继而装上机枪，专门进行空中格斗；后来又带上炸弹，去轰炸敌方的地面阵地。当然，打人者难免自己挨打，这是在战场上被击落的德国"鸽"式飞机的残骸，在法国荣军院展出的景象。

被击落的"鸽"式飞机在巴黎展出

在战争的硝烟中，终于诞生了一群大大小小、各司其职的"铁鸟"——侦察机、战斗机、轰炸机、强击机、教练机和运输机。飞机就这样和战争结下了不解之缘。

1907 年，美国订购了第一架纯军事用途的飞机，美国陆军通信兵航空处组建了世界上最早的军事飞行队。不过在当时，飞行员只是在空中各自执行任务，互不干扰，充其量也不过是朝敌军阵地拍几张照片。

1911 年墨西哥内战，双方飞行员空中遭遇。仇人相见，大家拔出手枪空中互射，史称"空中第一战"。大战前夕的"小打小闹"，为以后空中动武开了先河。

一战时期的空中"铁鸟"

1914 年第一次世界大战爆发，各国储备的 745 架军用飞机加入了战斗。10 月 5 日，法国 V24 飞行中队的一架"瓦赞"推进式飞机在与敌机周旋时，用机头的固定式机枪击落了一架德国的"阿比阿蒂克"式侦察机，

第一次世界大战期间的军用飞机

成为飞机空中开火击落敌机的首例！

被击落的德军飞机

　　法国人最先开始在飞机螺旋桨跟部安装"锲形偏导块"，机枪可以安装得离飞机纵轴更近，提高了空战时的命中率。法国飞行员加洛斯就是驾驶这样的飞机，在16天的时间里击落了5架敌机，成为了世界上最早的王牌飞行员。

　　不久，更先进的"射击协调器"在德国福克飞机公司诞生了，最先安装射击协调器的德国"福克"E1型战斗机大开杀戒，使英、法空军狼狈不堪，历史上称做"福克灾难"。德国飞行员"红男爵"里希特霍芬曾多次驾驶"福克"式飞机作战。获得了击落80架飞机的战果，成为一战中的世界王牌之王。不过，他也没有逃脱被他人击落的下场。

军用飞机已成规模

　　在"福克"E的基础上，德国人组建了"狩猎"中队。他们一下出动数十架飞机，实施编队攻击，一改单打独斗的空战方式，一度掌握了战场制空权。

　　在第一次世界大战期间，战斗机从诞生到发展，再到壮大，最后成为战争的一支重要力量。使过去以海、陆为主的平面战争变成海陆空立体战争。飞机也从只能"登高望远"的侦察机，发展成为可以动武的战斗机。到1918年，机枪已经成为战斗机的标准装备，个别机种开始试装威力更大的航空机炮，全金属的单翼飞机也开始了验证试飞。格斗、护航和支援地面部队的空战理论和战术已初步形成。双方的大本营都意识到，制空权的争夺对于获取战场的胜利显得越来越重要。一战小"风扇"闪亮登场啦！

编队出击

战前动员

战争已经立体化

部分一战时期"风扇"们的合照

1

扑面而来的 "钢铁鸟"

"容克" J1 首创静力实验

"容克" J1 出厂

1915 年 12 月 19 日，德国容克斯公司制造了第一架全金属外壳"容克"J1 单翼技术验证飞机。要说明的是，另有一种双翼强击机也被德国军方标识为 JI，但我们现在介绍的是容克斯公司内部标识为 J1 的全金属单翼机"容克"J1。

"容克"J1 悬臂型单翼飞机的研制始于 1914 年，第一次世界大战时被迫中断。直到 1915 年才生产出样机"Blechesel"（意为铁皮驴），此款飞机是世界上第一架全金属结构的飞机。"容克"J1 使用钢质材料制作肋板、隔舱板桁架和蒙皮，并试验安装铝质波纹蒙皮。该机在研制过程中曾用人力和沙包进行静力试验。他们改进工艺流程、反复验证试飞，积累了大量实验数据，飞机采用的超前概念在很长时间内都没有被超越。在当时，绝

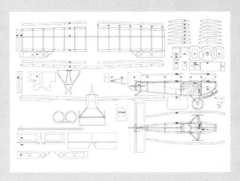

"容克" J1 单翼机性能数据

翼　展：12.9 米

机　长：8.64 米

机　高：2.49 米

翼面积：24.34 平方米

空　重：920 千克

最大起飞重量：1,080 千克

动　力：120 马力梅赛德斯 6 缸 1 台

最大速度：170 千米 / 小时

实用升限：4,000 米

乘　员：2 人

大多数飞机都是以木质桁架与肋板构成机体，使用绳索紧固并在外面覆盖拉伸帆布蒙皮。不少著名的单翼飞机，如美国波音 P-26 等型号，直到 1930 年代前后依旧装有加强支柱和钢索。

金属结构飞机是一个航空史上的革命性变化。它大大增加了飞机的坚固程度，延长了飞机的使用寿命。在空中不易被当时的武器击落。虽然沉重的飞机使爬升和机动性变差，然而因其简洁的单翼结构和干净的气动外形，"容克 J1"成为当时飞得最快的飞机之一。在一个功率仅为 120 马力的发动机驱动下，飞机时速达到 170 千米，是货真价实的"钢铁鸟"。一战末期德国曾将这种飞机作为对地攻击的强击机使用。

在做完了前面几个木质机身的老爷飞机后，来一个金属飞机的模型，这考验我打磨功夫和组装精准度。我用以前舰船模型制作时剩下的深红

"容克" J1 模型照

拷贝机翼形线

左右机翼粘在一起修形

各大部件基本到位

耐心打磨机翼曲面

"铁皮驴"制作完成

"容克"J1 模型照

船底板来做机翼，深红颜色很难遮盖，我后期上漆时，喷了 5 次白漆来遮盖，结果还是有一点泛红。为使左右机翼的外形一致，我干脆把它们俩用一小滴 502 胶水粘起来打磨。螺旋桨和机轮的零件落实了，各大部件基本到位。经过 3-4 天在各种目号砂纸上打磨，机翼尾翼的曲面搞定了。

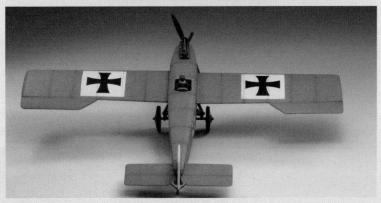

不同视角的"容克"J1 模型照

2

"福克灾难"的始作俑者

"福克"E.Ⅲ战机

　　1915年，在一场战斗后，法国王牌飞行员加洛斯连
人带机被德国人迫降俘获。德国人发现了法国人飞机上
"楔形偏导块"的秘密并受到启发。德国福克公司的荷
兰工程师安东尼·福克用了48小时和其他人一起研制出
一种更先进的"射击同步协调器"。这种协调装置是在
螺旋桨轴上装一只双凸轮，凸起处正好正对着两个桨叶。
当螺旋桨叶正好转到这里时，凸轮操纵一个连杆抬起，
控制机枪停止射击，这就避免打中桨叶。　我们看到螺旋
桨扇叶转得很快，其实子弹的出膛初速比螺旋桨还要快。
福克公司设计的M5K飞机上首次装备了"射击同步协调
器"，并将飞机重新命名为"福克"E型。E型有多种亚
型，其中最有名的是"福克"E.Ⅲ单翼战斗机，它一举
奠定了迄今为止的战斗机武器经典布置形式。

　　这些编号为"福克"E型的飞机，都采用正常布局
的中单翼，有张线加强，机翼展弦比不大，机动性较好，
机枪装在机头上部，易于瞄准射击。从实战意义上讲，"福
克"E型才是世界上第一种真正的战斗机。果然，它一

"射击同步协调器"后来成了螺旋桨战机的标配

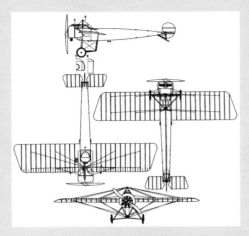

"福克"E.Ⅲ型战斗机性能指标

翼　　展：10 米

机　　长：7.2 米

机　　高：2.39 米

翼面积：16 平方米

空　　重：398 千克

最大时速：140 千米 / 小时

升　　限：3,700 米

动　　力：110 马力奥巴沃才尔引擎 1 台

武　　器：7.92 毫米机枪 1 挺

乘　　员：1 人

"福克"E.Ⅲ型战斗机

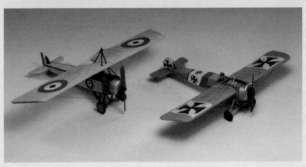

"莫拉纳·索尔尼埃"L 型战斗
机和"福克"E.Ⅲ型战斗机

投入战场，便有惊人的表现。新型战斗机以及主动进行空战战术的出现，使德国在一战的一段时间内取得了空中优势。有了这型战斗机，再有波尔克、殷梅曼这些第一代空战大师的操控，在战场上打得英法战机接连机毁人亡，四散逃窜。德国人缔造了一个神话，让英、法两国不寒而栗的"福克灾难"。

法国人的"莫拉纳·索尔尼埃"L 型战斗机和德国人的"福克"E.Ⅲ型战斗机都解决了前置机枪和机头螺旋桨的互相干扰问题，两者出现一前一后，且设计思路不同。但是任何一种技术的进步都有前后传承关系，它们俩都是"战斗机"这个概念的老祖宗，没有必要一定要分出孰先孰后来。

3

约翰牛的"杀手锏" S·E·5a 战斗机

S·E·5战斗机

　　第一次世界大战的空中战场，从 1916 年下半年到 1917 年上半年，随着德国空军编队战术的普及和配有"射击同步协调器"战斗机的大量介入，在史称"血的四月"中，德国战机仅在四天中就击落了 75 架英法飞机，"福克灾难"一时甚嚣尘上。为报仇雪恨，英国方面急忙向前线部队提供了两种新型战斗机，一种是 S·E·5a 型战斗机，另一种就是"骆驼"战斗机。

　　于 1916 年底试飞的 S·E·5 型飞机，其代号本意为"侦察实验 5 型"，由大战中英国最主要的国营飞机工厂 R.A.F. 设计制造，也是该厂最成功的航空产品之一。S·E·5 特有的方形机头安装着发动机及水冷却器。S·E·5a 尺寸和形状完全与 S·E·5 相同、略带上反角的双层机翼，其间有支柱和张线加强，是一种坚固而中规中矩的设计。机身的前半段为木质半硬壳构造（用层板蒙皮），机身后半段仍为木质骨架加亚麻蒙布的传统构造。这样的分段构造适应了不同的承力要求，为 1920 年代之前大部分飞机所采用。

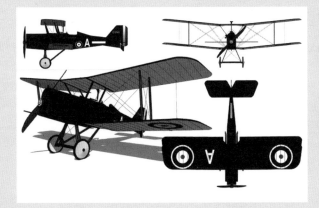

S.E.5a 型战斗机性能指标

翼　展：8.11 米
机　长：6.38 米
机　高：2.89 米
翼面积：22.67 平方米
空　重：639 千克
最大起飞重量：902 千克
最大速度：222 千米 / 小时
动　力：200 马力依斯帕诺西札空冷引擎 1 台
航　程：483 千米
武　器：机枪 2 挺（机身侧面、机翼上方）
乘　员：1 人

批量生产的 S·E·5 兼顾了稳定性和机动性，飞行速度快，火力较强，在空战中有独到之处，而且便于操纵，战损率较低，很受飞行员的欢迎。该机产量超过 5200 架，与著名的"骆驼"战斗机一道成为一战中英国飞行部队的"杀手锏"，迅速扭转了局势，成为英国航空史上早期的两大战斗机明星。S·E·5a 是 S·E·5 的改型，功率较 S·E·5 略有提高。

不同视角的 S·E·5a 模型照

4

欧陆上空的王牌 "骆驼"

"骆驼" 战机

　　一战后期，英、法、德各国不断推出性能更加优良的战斗机，其中最为著名的是英国的 "骆驼" 式战斗机。"骆驼" 式飞机由英国索普威斯公司设计，军用名称是 "索普威斯" F.1 双翼机。飞机发动机上部并列安装两挺机枪，并采用了德国人发明的射击协调器。由于机枪上方各罩有一个凸起的鼓包，如同两只驼峰，所以取名 "骆驼"。

　　该机的设计工作始于 1916 年，当时飞机在一战中崭露头角，激烈的空战要求高机动性的战斗机。这种背景下，"骆驼" 式战斗机于 1916 年 2 月 22 日首次试飞，并很快投入生产，1917 年 7 月参加战斗。王牌飞行员托洛洛普和乌尔莱特两位大尉，就用它创造了一天击落 6 架敌机的战绩。这种享有盛名的飞机凭借敏捷的盘旋性能和强大的前射火力，曾在 1917 年 7 月至 1918 年 11 月参战的 16 个月中，共击落敌机 1294 架，创造了第一次世界大战中一种机型战果纪录之最，成为当时最优秀的战斗机。一战中的著名德军王牌 "红男爵" 里希特霍芬据说就是被一名加拿大飞行员驾驶的 "骆驼" 击落。

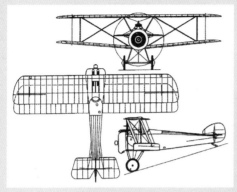

机上安装两把机枪

一战大明星"骆驼"

　　"骆驼"飞机总共生产了5490架，除英国外，比利时、加拿大、希腊、美国都使用过这种飞机。"骆驼"战斗机战果累累，主要得益于它独特的飞行特性，即极端灵敏的操纵性。这种特性既为飞行高手所喜爱，也让一部分飞行员敬而远之。因为操纵稍有不慎，极易进入尾旋而无法改出。设计者出于追求格斗性能的目的，将发动机、飞行员、油箱和武器弹药等载荷有意集中安置在全机重心点附近，再加上垂尾做得较小，升降舵和副翼又加大了响应敏感度，气缸旋转的发动机也有着强大的陀螺效应，有利于改善飞机的飞行机动性。当敌机刚完成两周盘旋时，"骆驼"已转完三周。这种性能对咬住目标极为有利。笑到最后的"骆驼"不愧是战斗机中的大明星。

　　"骆驼"战斗机和S·E·5a型战斗机，是一战后期英国空军夺取制空权的法宝，是欧陆天空的守护神。

5

"红男爵" 的三翼战斗机

"福克" Dr.1 战机

德国"福克"Dr.1是一种单座三翼飞机，于1917年春试飞成功，同年末装备部队。它采用了上中下三层机翼，之间由两根支柱连接，三个机翼的翼展从上到下依次递减。最大速度可达165千米/小时，机载武器为两挺机枪。看起来这种飞机采用三层翼似乎比较笨重，但实际上该机机动灵活，转弯和爬升性能都很出色，在空中格斗中表现突出。所以获得了许多艺高胆大的飞行员青睐，许多著名的德国飞行员都曾驾驶过这款战斗机。德国的王牌飞行员里希特霍芬曾创造过个人击落飞机80架的纪录。由于里希特霍芬把座机全部涂成红色，十分醒目，德军称他为"红男爵"。

曼弗雷德·冯·里希特霍芬1892年5月2

里希特霍芬

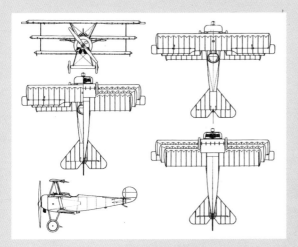

"福克" Dr.I 三翼战斗机性能指标

上层翼展：7.19 米

中层翼展：6.22 米

下层翼展：5.63 米

机　长：5.77 米

机　高：2.95 米

翼面积：18.66 平方米

空　重：405 千克

最大起飞重量：584 千克

动　力：110 马力 UR. II 空冷引擎 1 台

最大速度：185 千米 / 小时

升　限：6,100 米

武　器：7.92 毫米机枪 2 挺

"福克" Dr.1 的三个翼面

日生于德国布列斯劳（现波兰的沃洛克劳市）。里希特霍芬出身名门，身世高贵，相貌英俊，性格坚毅，办事果敢，技艺不凡。凭着标准的骑士风度、盖世无双的战功以及他那独特迷人的作战风格征服了无数人的心，也包括痛恨他的敌人，他先前驾驶信天翁 D 型双翼战斗机。后来驾驶"红男爵"的三翼战斗机席卷整个西线战场，像一团熊熊燃烧的火焰，四处滚动，给敌人带来痛苦、恐慌、惊悸和战栗，给自己人带来欢乐、喜悦、慰藉和自信。

1918 年 4 月 21 日，这时距离战争结束只有寥寥几个月的时间，德军不得不面对着越来越多的协约国飞机和不断增长的己方损失。在索姆

"红男爵"

河上空，曼弗雷德驾驶"红男爵"追逐着威尔弗莱德·梅驾驶的"骆驼"战斗机而深入英军控制区。梅的飞行技术很臭，他一直飞不高而且晃晃悠悠，但这反而使得曼弗雷德难以捕捉到他。曼弗雷德紧紧盯住这架路线奇怪的敌机，就在这时，一颗子弹从他的后方打来，斜穿过他的身体从胸部飞出。关于这颗子弹究竟是谁射出的，在战后争议颇多而且一直没有定论，很多人认为是地面上的澳大利亚枪手干的，也有一种观点认为是赶来援救的加拿大飞行员打中了曼弗雷德。

不管怎样，他再也无法操控他的爱机，坠落在科比-布雷公路旁边的田野上，此时他年仅25岁。消息传出后，有很多协约国士兵赶来捡取他飞机的红色破片留作纪念。而双方飞行员问讯后，不约而同地表示不敢相信"红男爵"已经阵亡。

英国人为曼弗雷德举行了登峰造极的隆重葬礼，为对应他的军衔，6名协约国上尉抬着这位伟大敌手的棺木，在一位神职人员的引导下缓缓前进；当棺木进入墓穴后，两旁士兵朝天鸣枪表示最高的敬意！然后，一位协约国飞行员驾机升空，将拍摄有布满鲜花的墓地的照片和讣告一起空投到德军阵地上。对于每个战士来说，战场上的每一天都可能是自

不同视角的"红男爵"模型照

己最后的血色黄昏，争霸战争的胜利都是短命的，永远没有真正的赢家。

模型的板件买自欧洲的"威望"，模型的尺寸不是很大，我找来参考资料，下手制作。

6

"信天翁" D——飞行着的纺锤

"信天翁" D 型战机

  "信天翁" D 型双翼战斗机为德国一战著名战斗机。由迪莱、苏贝特、格蒂赫三人合作设计，阿尔巴特罗斯飞机厂生产，首飞时间为 1917 年。它是 1917 年 4 月"血染的四月"中横扫协约国飞机的著名杀手。在这次空中战役中，共有 368 架英国飞机和 500 余名皇家空军飞行员倒在"信天翁"的枪口之下。

  德国的"信天翁" D 战斗机的最大特征，是有一个纺锤般的流线形木制机身。这种全木质硬壳构造的机身强度高，中弹后生存性好，且不难制造。鸟翼样的双层机翼由张线和 V 形翼间支柱加固。机身内采用木质构架，水平尾翼左右贯通，形成一个近圆形平面形状。

  "信天翁"采用上下翼弦不等长的"一翼半"型式，但在剧烈的空战飞行中极易折断下层机翼。德军王牌飞行员曼弗雷德·冯·里希特霍芬驾驶的"信天翁" D 型战斗机在 1917 年 1 月 24 日攻击英军一架飞机时，就发现下翼开始断裂，幸亏有惊无险，曼弗雷德终于将飞机飞回基地。"信天翁"DV5 型则对此缺陷进了改进，发动机率也从 160 马力增至 180 马力，飞行性能同时有所改善。"信天翁"DV 型战斗机和福克 D.III 型战斗机双双成为一战中德国最优秀的机型。

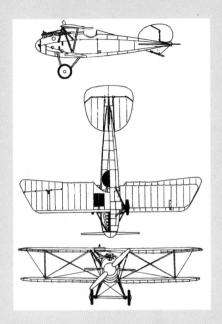

"信天翁" D 型战斗机性能数据

翼　展：9.04 米

机　长：7.33 米

机　高：2.85 米

空　重：687 千克

动　力：梅塞德斯 D.III a1 台

最大起飞重量：937 千克

最大飞行速度：187 千米 / 小时

武　器：7.92 毫米机枪 2 挺

乘　员：1 人

不同视角的 "信天翁" D 型模型照

7

世界名牌 "斯帕德" XⅢ 型

"斯帕德" XⅢ型战机

据说 "斯帕德" XⅢ 型战机近期被美刊评为世界五大优秀战斗机之一。

航空史上不乏这样的例子：一种性能出众的发动机可以造就一代名机。在第一次世界大战期间，"斯帕德" XⅢ 型战斗机就因为安装有足以令其荣耀的西班牙名牌发动机 "依斯帕诺西札" 8B 水冷发动机，便和采用同一型号发动机的英国的 S·E·5a 一样，成为协约国空军中又一种优秀的战斗机。"斯帕德" XⅢ 飞机拥有良好的速度性能和爬升性能，和 "骆驼" 飞机的性能有点相反，在近距离高机动格斗方面，略逊于 "骆驼"。它优先考虑飞机稳定性，适度牺牲了一些机动性。是一种适合作直线攻击，也即实施 "打了就走" 战术的重型战斗机。

在一战期间，据说一位德国飞行员因大雾误将飞机降落在协约国控制区，未来得及烧毁飞机就被俘，协约国获得了射击协调器的秘密。还有一说是：在 1916 年 6 月，法国的战机击落了一架 "福克" 战机，缴获了射击协调器。

有了动力强大的发动机和仿制的射击协调器，协约国的新飞机如虎添翼，打破了德国战机对天空的控制。

"斯帕德" XⅢ 的生产也很容易组织，从 1917 年 4 月 4 日首架放飞，到 1919 年生产线关闭。有将近 8500 架 "斯帕德" XⅢ 型战斗机出厂服役。

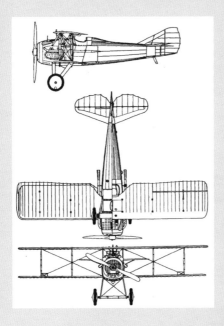

"斯帕德"XIII 型战机性能数据

翼　展：8.25 米

机　长：6.25 米

机　高：2.60 米

翼面积：18 平方米

空　重：601 千克

最大起飞重量：856 千克

最大速度：218 千米/小时

升　限：5,330 米

续航力：1.67 小时

动　力：200 马力依斯帕诺西扎 8B 水冷引擎 1 台

武　器：7.7 毫米机枪 2 挺

乘　员：1 人

早期出现的可靠性问题，在一战后期也得到解决。无可置疑，"斯帕德"XIII 的战斗性能是令人刮目相看的，战机除被法国空军采用外，英国、意大利、比利时和美国都在实战中使用过"斯帕德"XIII 型战机。

　　模型制作用的是厂家板件，我就改了个透气的发动机罩，加了一个机枪瞄准环，其他按图施工，不久就算搞定了。

不同视角的"斯帕德"XⅢ型模型照

8

飞翔着的"胖头娃"
——"纽波特"28型战斗机

"纽波特"28型战机

协约国在1916年初开始使用的貌似纤弱单薄、实则机敏强悍的"纽波特"11/17型战斗机。当时，这些被称作"婴儿"的战斗机以令人惊叹的"小巧可爱、调皮捣蛋"的面目出现，成为法国人的空战利器。它在同显赫一时的德军福克单翼机的搏斗中，几乎以速度、操控性、灵活性等性能全面胜出，"纽波特"众多的改型形成了系列战机，为协约国终结"福克式灾难"做出了突出贡献。

"纽波特"28型战机是法国在一战期间生产的"纽波特"

准备起飞

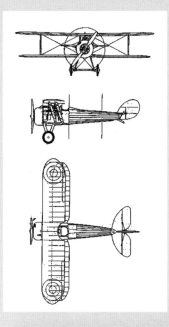

"纽波特" 28 型飞机的性能数据

翼　展：8.16 米

长　度：6.50 米

机　高：2.5 米

翼面积：15.8 平方米

空　重：475 千克

最大起飞重量：560 千克

动　力：160 马力 Gnome 9-N 旋转引擎 1 台

最大速度：198 千米 / 小时

航　程：349 千米

升　限：5,300 米

武　器：维克斯机枪 2 挺

乘　员：1 人

美军涂装的 "纽波特" 28 型

家族中的一款。由于继承了 "纽波特" 17 型轻量级战机的成功设计风格，"纽波特" 28 型依然坚持让飞机变得轻巧灵活和高度机动的设计理念。其 28C 是法国一战时期 "纽波特" 飞机系列的最终改型。它的机翼形式从独特的 "一翼半" 型恢复传统的双翼型，当然拳怕少壮。一战时期的飞行技术日新月异，在协约国的飞机供应情况得到好转之后，"纽波特" 28 型就很快让位给更先进的机型了。但此时从大洋彼岸美国来的远征军航

可爱的大头娃娃

"纽波特"28 模型照

空队接受了 297 架"纽波特"28，以便美国人尽快熟悉欧洲的天空。"纽波特"28 型为美国人创造了一些著名王牌飞行员，如第 94 航空中队有 26 架战绩的埃迪·里肯巴克上尉。战后，一些"纽波特"28 型回到美国继续服役，另外还在希腊、瑞士等一些国家有小量装备。

在一战后期的 1917 年，英国有一款战斗机"布里斯托尔"F.2B 双翼战机投入战斗，而在 1918 年，美国设计了一款教练机寇蒂斯 JN-4D，这两款飞机也是当时比较有名的飞机，我们在小结一战战机时，在这里做一个附加的简单说明。

在欣赏了"胖头娃"——"纽波特"28 型的各张靓照以后，让我们用各种精彩组合来欣赏这些一战的小不点飞机。逐一比对，仔细端详：一对英伦上空的"红绿冤家"（"福克"Dr1 和"骆驼"）、令法兰西人骄傲的"高卢两兄弟"（斯帕 XIII 和"纽波特"28）、身手不凡的"约翰双犄"（S·E·5a 和"骆驼"）、笑到最后的"协约国编队"、灾难

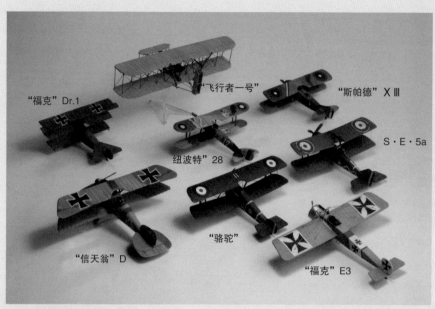

"福克" Dr.1

"飞行者一号"

"斯帕德" XⅢ

S·E·5a

纽波特" 28

"骆驼"

"信天翁" D

"福克" E3

一战名机和"飞行者一号"

制造者"福克兄弟"（"福克"E.Ⅲ和"福克"Dr1）、普鲁士"纺锤"（"信天翁"D）、强悍的"同盟国编队"。最后，一起来瞻仰一下航空器老大的风采。

第一次世界大战肯定了飞机在军事上的作用，出现了执行不同军事任务的飞机机种。到第一次世界大战结束时，飞机的飞行性能已有显著的提高，飞行时速由 80 ~ 115 千米提高到 180 ~ 220 千米。升限由 3000 ~ 5000 米提高到 8000 米，航程增大到 440 千米。飞机的结构和动力装置都有较大的改进。飞机的研究、设计、制造和驾驶有了明确的分工。航空已从个人的活动发展到有组织的集体活动。许多国家建立了专门的航空科学技术研究机构和航空工业，世界上已有 200 多个飞机工厂和 80 个发动机厂。大战开始时双方共有约 1500 架飞机，大战结束时已增到约 8000 架。航空活动已发展到相当大的规模，飞机、发动机和其他航空装备的研究、设计和制造已形成较为严密的体系。

第3章 喋血雄鹰 笑傲乾坤

一战以后，空气动力学已成为数学和工程相结合的典范，航空科学技术研究在改善飞机空气动力学外形、降低飞机阻力和提高发动机功率等方面都取得了重大进展。1920 年代后期，双翼机逐渐向单翼机过渡。飞机的起落架由固定式改为收放式；座舱由开敞式改为封闭式；发动机加整流罩，散热器改放到特殊风道内；飞机采用气密结构；机翼上附有襟翼。飞机结构材料由木材、层板、亚麻布或棉布，改进为铝合金应力蒙皮，既提高了强度、又降低了阻力。同时，飞机有了航电设备。1929 年，美国的无线电导航技术在飞机飞行试验中取得成功。在二战前，英国发展了雷达技术，已经用雷达从地面指挥战斗机作战。

升空作战的警报拉响

二战前夕，德国首先研制了 Me-109 战斗机，它创造了令人咋舌的活塞式飞机飞行 755.09 千米 / 小时的速度。英国研制了"飓风"式和"喷火"式战斗机。这些飞机的最大速度约为 480~564 千米 / 小时。苏联研制的米格 -3 最大速度为 640 千米 / 小时，飞行高度可达 12000 米，后期的新型战斗机有拉 -5、雅克 -9 和雅克 -3，对德作战十分有效。美国因参战较晚，后来投入了 P-47 和 P-51 等优秀战机，其中以 P-51 最为著名。美国优秀的舰载战斗机有"野猫"、"山猫"、"海盗"等，它们在太平洋上多与日本"零"式飞机作战。而"零"

二战战机编队飞行

投弹轰炸

盟军战斗机编队

发动机生产线

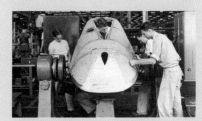

制造飞机座舱盖

二战期间飞机总产量达 100 万余架

英国被空袭炸毁的房屋

式驱逐机重量轻，机动性好，主要载于航空母舰和用于海战。

第二次世界大战，是人类历史上规模最大的一次战争，也是空中力量得以空前使用的一次惨烈大战。战场经历了数以万次的空战，从海面到陆地的空战始终没有停息过。通过空战消灭对方作战飞机成为二战中极为重要的一种作战手段。为夺取制空权，双方投入兵力与武器之多，战斗规模之大，战斗之激烈，乃至空战效果对战争所产生的影响都是空前的。据统计，各交战国之间被击落飞机中的 3/4 是由战斗机为主的飞机击落的。二战中，出现了大量优秀的王牌飞行员。其中最著名的王牌飞行员就是创造了击落 352 敌机"辉煌战绩"的德军飞行员 E. 哈特曼少校。

到二战结束前，螺旋桨战斗机的发展已经到达了顶峰，同时开启了喷气战斗机时代的来临。短短几年之间，战斗机的动力从数百匹飙升到两千余匹马力，速度已接近音速，航程超过 3200 千米，最高升限到达 13000 米。美英等盟国生产了约 40 万架，全世界共生产了约 100 余万架飞机，飞机的产量到达高峰。

不列颠空战是人类战争史上首次大规模空中战争，证明了战略性的大空袭将直接影响战争的进程，显示了制空权在现代化战争中的重要地位，也验证了防空体系的战略意义。

在 1940 年 7 月至 10 月不列颠空战的最关键阶段中，德军出动飞机共约 4.6 万架次，投弹约 6 万吨，被击落各型飞机 1733 架，被击伤 943 架。英国空军损失飞机 915 架，英德双方飞机损失比 0.527 ∶1，飞行员损失比 0.214 ∶1。在空袭中，英国被炸毁的房屋超过

苏联空军地勤部队

日军轰炸美国珍珠港

德军轰炸英国港口

海空大战

航空母舰上的舰载机

高歌猛进的喋血雄鹰

100 万幢，无辜平民死伤达 14.7 万，占英国在战争中死伤人数的 20%。丘吉尔首相对这次大空战作了最精辟的评价："在人类战争领域里，从来没有像现在这样，这么多的人全靠那么少的人得以生存。"

在苏、德战场上，仅开战初日，德国就出动了 6000 架各型飞机，德军被击落 200 多架飞机，而苏军因为没有充分准备，第一天就被击落 322 架飞机，在地面被击毁的更达 1489 架。1943 年 4 月 17 日至 6 月 7 日发生的库班空战，是二战期间苏德战场上高加索战役中的一次大规模空战。通过库班空战，德国空军严重受挫，苏军夺得了苏德战场南翼的制空权，为夺取整个苏德战场的战略制空权打下了基础。

1941 年 12 月 8 日黎明，日本出动飞机约 360 架、军舰 55 艘，连续两次猛袭珍珠港的美国军舰和机场，美军猝不及防，太平洋舰队主力几乎全被摧毁，死伤3000多人。由此，美国宣布参加二战，太平洋战争爆发。日美在太平洋上的大规模海战实际上是一场海空大战，二战后期，双方战舰的作战距离超过了舰炮射程和目视距离，舰炮已无用武之地，作战任务多有舰载机承担。因美方掌握了制空和制海权，日军连受重创。1945年4月，传来了世界上最大的日本战列舰"大和"号已被美舰载机群击沉的消息。美日两国最强大的战列舰进行海上对决的机会永远消失了。不久，日本天皇宣布无条件投降。

　　无独有偶，号称欧亚史上最大的日本"大和"号和德国"俾斯麦"号两大名舰，如此庞然大物都不约而同地败在小小飞行器手下，最后葬身大海。在舰载机驾驶员的眼中，航速再快的战舰犹如步履蹒跚的囊中猎物，抗不住大量穿甲弹和鱼雷的攻击。二战中，有35艘著名战列舰被击沉，其中一半以上毁于空袭。重量不到其万分之一的舰载攻击机成了这些钢铁堡垒的天敌，大象倒在了一群嗡嗡作响的苍蝇脚下。航空母舰上的舰载机顺理成章地成为了海空战场上的核心战斗力，满载着战机的航空母舰已经成了制海、制空权的象征。环顾天际线，领衔海陆空三栖乾坤制胜大权的，是高歌猛进的喋血雄鹰。

高歌猛进的喋血雄鹰

前两排为同盟国战机，后排为轴心国战机

1

大西洋上空孤独的雄鹰

"圣路易斯精神号"飞机

林德伯格

　　1919 年，纽约的一位法裔美国人奥泰格设立了 25000 美元的奖金，奖励完成从纽约直飞巴黎或从巴黎直飞纽约的飞行员。1927 年，美国人林德伯格驾驶"圣路易斯精神号"（Spirit of St. Louis）单引擎飞机从位于纽约长岛的罗斯福飞机场起飞，经过 33.5 个半小时的长航时飞行，飞行距离大约 5800 千米，直抵法国巴黎的勒布尔热机场。

　　1927 年 5 月 20 日凌晨，大雨终于停了下来，林德伯格做好了"圣路易斯精神号"起飞的准备工作。加满油的飞机，能保证它在空中停留 40 个小时。7 时 52 分，"圣路易斯精神号"掠过罗斯福机场已经泡软的草坪，正式起飞。由于他装载的油料过重，飞起来就像一只喝醉的海鸥，差点擦上跑道终端的树梢。

　　尽管林德伯格年轻力壮，可是临飞行前的准备工作已使他疲劳有加。飞机一往无前地在无垠的大海上昼夜飞行，倦意使他眼皮直打架。为了保持清醒，他不停抽打自己的脸。虽然飞机一度几近失控，但幸运之神还是眷顾于他，一切顺利。在飞过漫长的 27 小时后，飞机飞经爱尔兰海岸的上空，表明其飞行航线基本准确。

　　5 月 21 日晚上，在经过了一天半不间歇地飞行以后，林德伯格于下午 10

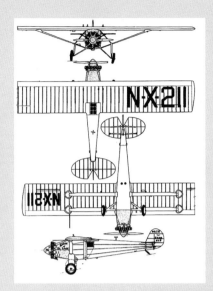

"圣路易斯精神"号性能数据

翼　展：14 米
机　长：8.4 米
机　高：3 米
翼面积：29.7 平方米
动　力：223 马力赖特式引擎 1 台
巡航速度：161 ～ 177 千米 / 小时
起飞重量：2,380 千克
乘　员：1 人

点看到巴黎的灯光，于 10 点 24 分在勒布尔热机场着陆。将近 10 万巴黎人翘首等待和见证了传奇英雄林德伯格驾驶的飞机机轮终于触到法兰西土地，完成人类不间歇飞越大西洋的壮举。人们在飞机着陆后同样也没有停顿，马

"圣路易斯精神号"金属模型照

上举行庆祝活动。人群吞没了林德伯格和他的飞机，两个中队的法国士兵都无法阻挡他们。

　　一些人可能只把他的成绩看成是挣钱的绝技飞行。但是不要忘了，在那个年代，林德伯格的创举是一件充满风险的事情。在他之前，为了赢取奥泰格奖，美国和法国有三组人马试图飞越大西洋，结果都没有成功。有 6 人为此丧生，包括法国一战的王牌飞行员农格塞尔。

　　如果不考虑给获奖者及其赞助商带来的名声以及后续效益，单看奖金数额的话，通常它们都远远不够完成竞赛所花费的成本，更不用说那些失败者和牺牲的人了。可是因为有这种民间的奖励，鼓舞了那些永远在探索和发现的人们。林德伯格及其"圣路易斯精神号"就是这种美国精神的代表。其更深的含义在于，全球的航空事业和空中旅行事业的未来正酝酿着新一轮的腾飞。

2

打满全场的主力队员——Bf-109

BF-109 战斗机

梅塞施密特 Bf-109 是纳粹德国空军从二战前一直使用到二战结束的单座战斗机，此机于 1935 年 5 月首飞，它在诞生之时就是全新一代的战斗机。其摒弃了双翼构型，具备线型流畅的下单翼机型、全罩式座舱、可收放起落架、全金属制造的机体。它与 1941 年中起开始服役的 Fw-190，成为纳粹空军的两大标准制空战斗机。它从二战前的西班牙内战时期开始参战，转战西线欧洲战场、东线德苏战场，成了德国空军的标志。在整个二次大战中，德国空军总战果中有一半以上是 Bf-109 取得的。

Bf-109 战机虽然是 1930 年代前中期的机型，不仅淘汰和击败同期诸多的盟国机型，在盟军新型战斗机如 P-51 和 Yak-9 问世后，经过改良后的 Bf-109 战机仍足以应对它们，依然还能成为主力机型。

在战争期间，此机还衍生了战斗轰炸机、夜间战斗机和侦察机。它也是历史上生产数量最多的战斗机，仅二次世界大战期间其产量就超过了三万架，是生产时间最久，产生空战王牌最多的战机。世界空战王牌的前三名都是驾驶 Bf-109 的飞行员。

常与 Bf-109 较劲的要算英国的"喷火"战斗机，这两型战斗机从二战开打缠斗到大战的最后一分钟。令人唏嘘不已的是，Bf-109 居然参加了 1960 年代的电影《不列颠之战》的拍摄，在其中正儿八经地担任德国战机的角色。

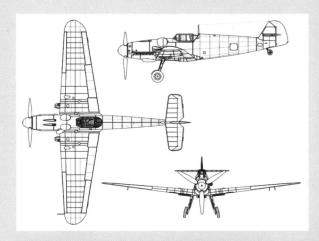

Bf-109 G-6 型战机性能数据

翼　展：9,97 米

机　长：8,95 米

机　高：2,60 米

翼面积：16,4 平方米

动　力：DB 605 A 液冷引擎 1,475 马力

总　重：3，200 千克

最大升限：12,000 米

最大速度：650 千米 / 小时

武　器：MG 131 机枪 2 挺

　　　　MG 151/20 机炮 1 门

乘　员：1 人

不同视角的 BF-109 模型照

3

Fi-156 "白鹳" 负重起飞为哪般

Fi-156 侦察机

被誉为战场精灵的德国 Fi-156 "白鹳" 式侦察机，是由菲泽勒公司下属贝腾豪森工厂制造的，1937 年 2 月 9 日首飞。由于设计出色，其拥有超强的短距起降能力。在正常起飞重量下，该机起降距离均在 40 米左右。如果迎风起飞则更短。

该型号的标准配置是两个座位，虽然在座舱后部有第三个座位，但通常在这个座位上放置的是用于航空侦察的照相设备。作为德国空军三种重点生产的侦察 / 观测 / 联络机， Fi-156 在二战中继续组织生产，以满足战争中的多用途需要。

这种不起眼的小型飞机活跃在整个欧洲和北非的德军战线上，到处都留下了它轻盈的身影，它负担了相当多的勤杂工作。Fi-156 是一种设计相当成功、表现非常优异的机型，是航空史上值得纪念的小精灵。

1943 年 7 月 25 日，意大利法西斯头子墨索里尼被罢黜，并被押解到罗马东北 120 千米处的大萨索山关押。为了解救他，德国派出一支突击队，以迅雷不及掩耳之势将墨索里尼解救出来。但是计划中的接援飞机出了问题，突击队长急中生智，呼叫一架正在附近执行侦察任务的 "白鹳" 施以援手。墨索里尼和队长两个胖墩挤进了狭小的后舱，超载后的飞机在极短的跑道上晃晃悠悠起

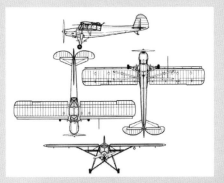

Fi-156 "白鹳" 式飞机性能数据

翼　展：4.25 米
机　长：9.90 米
机　高：3.05 米
翼面积：26.0 平方米
空　重：935 千克
最大起飞重：1,320 千克
输出功率：200 马力
乘　员：2 人

不同视角的 Fi-156 模型照

飞，慢吞吞地飞回了德方机场。"白鹳" 成了整个营救行动中的明星。

令人感叹的是，"白鹳" 居然成了欧洲西线战场上最后一次空战的祭品。1945 年 5 月 7 日，一架 "白鹳" 被美军战机击落，成为在二战中纳粹空军损失的最后一架飞机。

4

欧陆上空成群的 "屠夫鸟"

Fw-190 战机

　　二 战 期 间， 德 国 空 军 在 装 备 Me-109（Bf-109）、Me-110（Bf-110）战斗机之后，又装备了一种新机型：Fw-190 战斗机。这款战斗机由德国天才飞机设计师库尔特·坦刻博士设计，后来与 Bf-109 战斗机一起成为二战时期的德国经典战斗机，是二战德国空军主力机种之一。由德国福克－沃尔夫飞机厂建造的 Fw-190 "百舌鸟" 战斗机，是一种全金属构造的单翼全天候战斗机，在诸多德国战斗机中，独树一帜地选用一台 14 缸的星形气冷活塞发动机，因此机头显得有些粗壮，而机尾十分尖细，机身背部拱起部分是个透明的滑动开启的座舱盖，其后方机身背脊向下倾斜，向下向后视界良好。电动收放的后三点起落架着地稳定，主轮柱向前向内倾斜，构成了 Fw-190 的一些外观特征。

　　Fw-190 从 1941 年开始生产直至战争结束，期间飞机不断改良。它后期型号表现出的优良品质与盟军战斗机不分伯仲，是二战期间最优秀的战斗机之一。它在 1942 年起投入德军的所有战线。Fw-190 的生产量超过 20000 架，其中包括约 6000 架战斗轰炸型。

　　早期的 Fw-190A 因为增压器以及空冷引擎的技术限制局限了高空性能。在后续设计中采用了液冷引擎型号后，可以担任高空拦截任务。Fw-190 适合

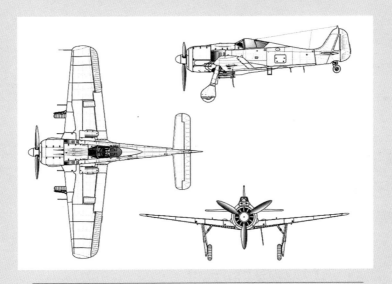

Fw-190A8 战斗机性能数据

翼　展: 10.5 米	最大速度: 640 千米 / 小时
机　长: 8.95 米	升　限: 11,400 米
机　高: 3.69 米	航　程: 1,036 千米
翼面积: 18.3 平方米	武　器: 13 毫米机枪 2 挺
空　重: 3,175 千克	20 毫米机炮 2 门
最大起飞重量: 4,900 千克	炸　弹: 500 千克
动　力: 1,760 马力 BMW 801 D21 台	乘　员: 1 人

担负多种任务, 包括制空战斗、对地攻击、近接支援、目视侦照、战斗机护航、甚至有少数的夜间战斗机与携挂鱼雷的反舰型号。许多德国空军的飞行员驾驶 Fw-190 成为王牌飞行员。

　　面对盟军及苏联地面攻势的逼近, Fw-190 战斗机还采用过 mk103 机炮吊舱。这种机炮倍径长, 使用穿甲弹可以击穿坦克薄弱的车顶装甲。Fw-190 可携带 500 千克炸弹作为战斗轰炸机使用。在对敌坦克实施轰炸后迅速大角度爬升再利用自身强大的火力与敌机交战。这种战术一般用于东线战场, 使得苏联军队相当烦恼, Fw-190 "百舌鸟"有了"屠夫鸟"的绰号。

胖头尖尾的 Fw-109

5

又推又拉的 Do-335 箭式战斗机

Do-335 重型战机

道尼尔公司的 Do-335 "箭式"飞机是德国在二战后期开发的一款重型战机。由于两具发动机独特的纵列推拉式布局使得其性能优于其他的重型战机。另外 Do-335 安装了相当新颖的弹射座椅，它采用前三点式起落架，尾部由上下垂尾和左右平尾构成"十"字型。

为了赢得空战优势，各国设计师绞尽脑汁追求更高的速度，两个思路：一是增加单个发动机的功率；二是增加发动机的数量，将多个发动机横向排列起来的设计比比皆是，不过这也增加了飞机的迎风阻力。道尼尔公司设计师把两台发动机配置在机体纵向中轴线上，飞机既保持单发较小的迎风面积，又具备双发的强劲动力。

1942 年 5 月，道尼尔公司又推又拉的双发纵列方案被军方肯定。不过此时更先进的喷气机已经成熟，喷气式的 Me262 的生产被提到了更优先的地位。Do-335 在盟军空袭中仍然艰难生产，1945 年 1 月起开始交货，A-1 型的优越性能足以傲视群雄了，但此时败局已定，大势已去。1945 年 4 月美军占领道尼尔工厂时，只有不到 40 架各型 DO-335 最终完成，加上未组装完成的总共也仅仅 90 架左右。

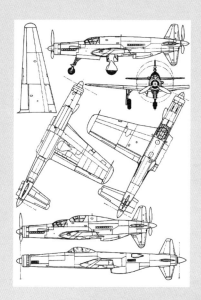

Do-335 型战机性能数据

翼　展: 13.8 米

机　长: 13.85 米

机　高: 4.55 米

翼面积: 55 平方米

空　重: 5,210 千克

最大起飞重量: 8,590 千克

发动机: DB 603A 2 台

最高速度: 765 千米 / 小时

战斗半径: 1,160 千米

实用升限: 11,400 米

武　器: 30 毫米机炮 1 门
　　　　20 毫米机炮 2 门

炸　弹: 1,000 千克

乘　员: 1~2 人

　　我的推进式模型飞机来一张合照,除了 Do-335 能"拉"能"推"外,其他三位推进式老前辈,除了"推"以外,还是清一色鸭式飞机呢。

Do-335 既"拉"又"推"

Do-335 与三位推进式老前辈

6

丑陋的 MK-1 "海象" 双翼水上飞机

MK-1 水上飞机

　　在不少的英军舰艇上都可以看到"Walrus"MK-1水上飞机的身影，"Walrus"的中文音译是"华莱士"，意译是海象。"海象"水上飞机可轨道弹射起飞，被广泛装备于皇家海军的各种大型战舰。这种其貌不扬的水上飞机一开始主要用于舰艇火炮修正观测，以及通讯侦察等等。为了节约空间，此机上舰后机翼可以折叠，它曾是"威尔士亲王"号战列舰的舰载机。

　　该机型于1929年开始研制，于1935年试飞。很难想象丑陋的"海象"和"喷火"同样出自"秀泼马林"公司之手。从1936到1944年间，厂家一共制造了740架MK-1水上飞机。

　　二战期间一共有162架"海象"为英国皇家海军和英联邦海军使用。"海象"通常担任侦察和搜救工作，部分"海象"还被安装了反潜雷达，执行反潜机的作战任务。二战中，速度极慢的"海象"是德意战斗机非常好的猎物。但是面对潜艇，猎物摇身一变成了猎人，一共有5艘德意潜艇被"海象"击伤或击沉。

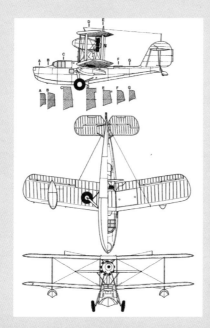

"海象"MK-1 水上飞机性能数据

翼　展：14 米

机　长：11.45 米

机　高：4.65 米

翼面积：56.67 平方米

动　力：775 马力"Bristol Pegasus"引擎 1 台

最大速度：215 千米 / 小时

航　程：966 千米

空　重：2,223 千克

满　载：3,265 千克

武　器：Vickers 'K' 机枪 2 挺

　　　　760 磅炸弹 / 深水炸弹

乘　员：3~4 人

"海象"模型照

　　"海象"MK-1 水上飞机模型是我早期制作，制作水平颇感乏善可陈。唯一可提一下的是，我用"流道丝"为它制作炸弹，和其他零件比较，可以看出它们的大小。

7

"不列颠之战" 的救星——"喷火"

"喷火"战斗机

　　秀泼马林公司的"Spitfire" Mk.IX 式单翼战斗机，是英军在二战中的主力机种，英语 spitfire 是喷火的意思。总设计师是 1930 年代著名的 S 系列飞机设计师雷金纳德·米切尔（米切尔去世后，"喷火"的改进型号则由史米斯设计）。

　　"喷火"战斗机 1937 年起投产，1938 年 8 月装备部队。全金属结构，单翼单座，有装甲防护，气动外形设计达到炉火纯青的地步，透明水泡座舱能使飞行员获得良好的视野。速度快，机动性好的"喷火"战斗机的综合飞行性能，在战时始终居世界一流水平。与同期德国主力机种 Bf-109E 战斗机相比，除航程和装甲等略有不及外，在最大飞行速度、火力，尤其是机动性方面均略胜一筹。由于"喷火"的翼载荷比较低，与想用"高速接近，一击就跑"战术的德国战斗机格斗时，可利用其极佳的机动性先敌攻击。"喷火"是二次世界大战中公认的欧洲最佳战斗机。它不仅担负英国维持制空权的重大责任，且转战欧洲、北非与亚洲等战区，提供其他盟国使用。战后还到中东地区参与当地的冲突。

　　英国空军的"喷火"与德国空军 Bf-109 并列为欧洲战区最重要的两大机种，它俩从大战初期较劲到大战结束，是捉对厮杀缠斗的敌手，也是激战到最后一个回合仍然不分胜负的空中剑客。该机由于在"不列颠空战"中的出色表现而被誉为"英国的救星"。

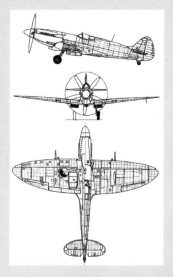

"喷火" Mk.IX 日间战斗机性能数据

翼　展：11.2 米

机　长：9.1 米

机　高：3.9 米

空　重：2,540 千克

满　载：3,266 千克

动　力：1,720 马力罗－罗梅林 66 引擎 1 台

最大速度：652 千米 / 小时

作战航程：760 千米

升　限：12,192 米

武　器：20 毫米机炮 2 门 / 7.7 毫米机枪 4 挺
　　　　/250 千克炸弹 1 枚

乘　员：1 人

不同视角的"喷火"战斗机模型照

8

"一半是天使，一半是恶魔" 的 P-38

P-38 战机

P-38 "闪电" 式战斗机是二战时期由美国洛克希德公司生产的一款双引擎战斗机，它奇特的双机身设计和战场上的不俗表现，被称为 "一半是天使，一半是恶魔"。

为了满足美国陆军航空队（USAAF，美国空军前身）的要求，P-38 的两具发动机分别装载在机身两侧并连结至双尾桁，飞行员与武器系统则设置在中央的短机身里。此机用途十分广泛，可执行多种任务，包括远程的拦截、制空及护航战斗机侦察、对地攻击、俯冲轰炸、水平轰炸等。P-38 在西南太平洋战场得到了最广泛也最成功的应用，其最为知名的一役，便是 1943 年 4 月 18 日经过长距离的拦截，P-38 成功击落日本联合舰队司令山本五十六的座机。

P-38 对于美国航空科技史具有划时代的重要意义，它拥有许多第一的纪录：洛克希德公司第一款大量生产的战斗机、美国陆军航空队第一种双发动机战斗机、第一款前三点起落架战斗机、第一种在机体外壳上应用平头对接铆钉的美国飞机、第一种大量使用不锈钢材料、美国第一种飞行速度超过 640 千米 / 小

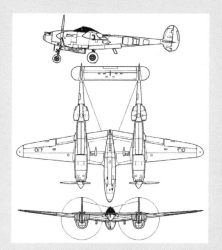

P-38 战斗机性能数据

翼　展：15.85 米

机　长：11.53 米

机　高：3.00 米

翼面积：30.43 平方米

空　重：5,800 千克

最大起飞重量：7,940 千克

最大速度：713 千米／小时

航　程：1,770 千米（作战）

升　限：13,400 米

武　器：20 毫米机炮一门／
12.7 毫米机枪四挺／
4 具三管火箭发射器

乘　员：1 人

时的双引擎战斗机、美国第一款量产的双尾桁战斗机。日本投降之后，P-38（49 战斗机大队）成为美国陆军航空队第一架降落当地的飞机、它是二战期间单座战斗机中最重的机型、它是美国唯一从珍珠港事件到大战结束都在生产的美国战斗机、它击落了 1800 多架日本飞机，是创造最高歼敌记录的美国陆军航空队战斗机型。

9

二战"歼击机之王" P-51 "野马"

P-51 战机

P-51"野马"式战斗机，是美国陆军航空队在二次世界大战期间最有名的战斗机，也是美国海陆两军所使用的单引擎战斗机当中航程最长，对于欧洲与太平洋战区战略轰炸护航最重要的机种。P-51 战斗机由美国北美航空公司研制，属轻型战斗机。其功能和体量与当时英国的"喷火"、德国的 BF-109、日本的"零"式战斗机相当。媒体《Discovery》将 P-51 选为历史上十大战斗机第一名。

在美国尚未参加二战以前，P-51 战斗机起初是北美公司为英国空军救急而研制和生产的一款战斗机，该机有着先进的进气配置与总体布局，使冷却和空气动力效率大为提高，与普通翼型相比，采用层流翼设计，能使翼表面尽可能保持层流流动，从而可减少摩擦阻力。英国空军试飞后认为该机拥有极为优良的中低空性能，很快就订购了一批。

珍珠港事件之后，美国正式全面参战，美国陆军航空队也开始装备 P-51"野马"战斗机。1942 年，英国试飞员建

普通翼面

层流翼面

普通翼面与层流翼面比较

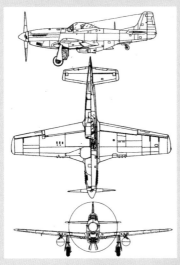

P-51A 战斗机性能数据

翼　展：11.3 米

机　长：9.4 米

机　高：3.5 米

翼面积：21.83 平方米

空　重：3,900 千克

战斗总重：4,800 千克

最大速度：703 千米／小时

作战半径：2,092 千米

武　器：机枪 6 挺

　　　　2 枚 227 千克炸弹／

　　　　8～10 枚火箭

乘　员：1 人

议为 P-51 战斗机换装英国罗尔斯 - 罗伊斯公司最新研制的发动机。换装后飞机性能有了明显提升。P-51 不仅能保持较好的低空性能，高空性能赶上了德国战斗机，且大幅度节油，加装副油箱后，P-51 成为第一种能从英国直飞德国腹地的远程战斗机。

"歼击机之王"——P-51

从性能和战绩来看，德军 Fw-190 战斗机和 Bf-109 战斗机都不是"野马"的对手。盟军的轰炸机由此得到了有效的全程

P-51 机头

护航，战损率降为 3.5%，轰炸效果大大提高。

在二战中，P-51 战斗机立下了显赫的战功。据不完全统计，仅在欧洲战场上，P-51 战斗机就出动 13873 架次，投弹 5668 吨，击落敌机 4950 架，击毁地面敌机 4131 架，被誉为"歼击机之王"。

10

太平洋上空的"海盗"

F4U 舰载机

F4U "海盗"式战斗机是美国研发的一种在航空母舰上使用的舰载机，服役于第二次世界大战和朝鲜战争期间(1942-1952年)，F4U 在部分国家仍服役至 1960 年代。

太平洋战争上，F4U 与 F6F 并为美军主力，成为日本战斗机的强劲对手。大战结束后，据美国海军统计，F4U 的敌我战损比率为 11：1，拥有着骄人战绩。它除了用于空战，还可以用于对地攻击，是二战中最杰出的舰载战斗机之一。

F4U "海盗"式战斗机由钱斯沃特公司的雷克斯·贝塞尔与伊高·塞考斯基为首的团队设计。原型机编号为 XF4U-1。F4U战斗机加速性能好，火力强大，爬升快，坚固耐用，是美国第一种时速超过 640 千米的战斗机。其机翼独具一格的倒海鸥翼布局，使得其外型显得很另类。其次，F4U 采用了当时功率最大的活塞发动机：普惠公司 R-2800 型发动机，马力达到 2000 匹，而同

F4U 战斗机性能数据

翼　展：12.5 米

机　长：10.2 米

机　高：4.50 米

空　重：4,174 千克

最大起飞重量：6,653 千克

动　力：2,100 马力星型引擎 1 台

最高速度：718 千米 / 小时

航　程：1,617 千米

升　限：12,649 米

武　器：M2 重机枪 6 挺或
　　　　AN/M2 机炮 4 门
　　　　12.7 厘米火箭弹 8 枚或
　　　　炸弹 1,800 千克

乘　员：1 人

不同视角的 F4U 模型照片

时期的军机多数的引擎马力只有它的一半左右。这些设计特点成了 F4U 战机耀眼的亮点。但因机鼻过长,使得驾驶员的前部视野不佳,以后有屡次的改动。原型机于 1939 年 5 月 29 日首次试飞。到 1942 年 9 月, F4U-1 终于开始为美军正式服役。

11

米格 -3——莫斯科天空的守护神

米格 -3 战机

　　米格家族中的米格 -3 战斗机（俄语 МиГ-3，英语 MiG-3），曾经显赫一时。它是由米格设计局的第一个成员——米格 -1 改进而来。米格设计局全称是米高扬 - 格列维奇（Микояни-Гуревич）实验设计局，当时从属于苏联第一国家飞机工厂。

　　1940 年 12 月 20 日第一架米格 -3 走下了生产线。到 1941 年 3 月，米格 -3 的日产量已经达到了 10 架。米格 -3 很快成为二战初期苏联空军的主力战斗机之一，"巴巴罗萨"作战时，已经进入现役达 1200 架以上，几乎占所有已经进入现役的新一代战斗机的一半。

　　在优秀飞行员的手里，米格 -3 的出色的高空高速性能显露无疑，该机加入现役后很快就击落了两架德国人的 Ju-86 侦察机，而此时德国和苏联间还没有正式宣战，德国空军认为其 Ju-86 侦察机可以在苏联战斗机的升限之上安全飞行，当第一架容克 Ju-86 失踪时，德国空军认为这只是机械故障所致。当更多的 Ju-86 一去不返后，德国空军终于意识到它们是被打下来的。苏联最新的米格 -3 战斗机可以上升到 12000 米高空作战的惊人事实终于传到了德国。1941 年 8 月，米格 -3 月产量达到了 562 架，创造了苏联战斗机的产量纪录。

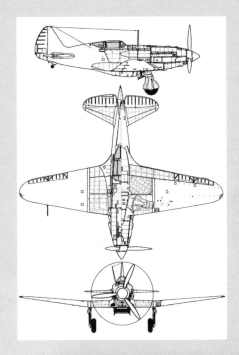

米格-3 战斗机性能数据

翼　展: 10.20 米

机　长: 8.25 米

机　高: 3.50 米

翼面积: 17.44 平方米

空　重: 2,699 千克

最大起飞重量: 3,355 千克

动　力: 1,350 马力米库林 AM35A
　　　　液冷 V12 引擎 1 台

最高速度: 640 千米 / 小时

实用升限: 11,500 米

爬升率: 14.7 米 / 秒

武　器: 12.7 毫米机枪 1 挺 /
　　　　7.62 毫米机枪 2 挺 /
　　　　100 千克炸弹 2 枚或 6 枚 82 毫米火箭弹

乘　员: 1 人

米格-3 模型照

　　在德军对莫斯科发起的总数达 8279 架次空袭中，数千架米格-3 构成了保卫首都的铜墙铁壁，仅有 209 架德军轰炸机抵达了莫斯科上空。米格-3 俨然成了莫斯科天空的守护神。

12

从拉风到喷气的变脸雅克 -3

雅克 -3 战机

雅克 -3 座舱

雅克 -3 型战斗机是苏联在二战后期空优性能最好的战斗机，被认为是当时最灵活敏捷的战斗机。它还是被改造成第一种量产喷气式战斗机雅克 -15 的母体，居然还是个变脸金刚，能从活塞式飞机一下变成喷气式飞机。

在苏德战争初期，雅克设计局的雅克 -1 型成为了唯一可以对抗德国 Bf-109 战机的苏联战斗机。各国的战斗机在战争期间通过频繁改型来提高性能，形成家族系列。雅克 -3 和雅克 -1 基本相似，全金属结构、后三点收放式起落架、下单翼单座液冷式螺旋桨，但没有了雅克 -1 机首下方的油冷器吸气口，改为在翼根设计两个较小的吸气口。机身比雅克 -1 更短，并使用气泡式座舱，阻力更小。装备在雅克 -3 战斗机上的 VK-105PF2 液冷发动机，最大功率为 1300 ～ 1360 马力。

1944 年 7 月 14 日，刚刚以雅克 -3 编成的战斗机中队共 18 架，迎战 30 架 Bf-109，战绩居然是令人瞠目结舌的 15 ： 0 （一说是 24 ： 0）。随即德国空军流传着 "避免在 5000 米以下和机首无油冷器的雅克机交战" 的告诫，直到德机摸透了雅克 -3 的特性后，才敢与其正面交手。

雅克 -3 的主要对手为德军的 Bf-109G 型，尤其是数量众多的 Bf-109G6 型。由于 Bf-109G 型重量增加，其机动性明显下降，Bf-109G 型在 4000 米高度的

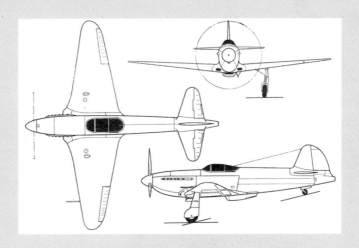

雅克 –3 型战斗机性能数据

翼　展：9.20 米	最大速度：660 千米 / 小时
机　长：8.50 米	航　程：900 千米
机　高：2.40 米	升　限：11,500 米
翼面积：14.83 平方米	武　器：20 毫米机炮 1 门
空　重：2,150 千克	12.7 毫米机枪 2 挺
最大起飞重量：2,650 千克	乘　员：1 人

时速比雅克 –3 慢了 10 ~ 20 千米。一位德国指挥官写道："在以前，我们的飞机可以战胜任何俄国飞机，但是当雅克 –3 出现以后，我们发现它比我们的 Fw-190 和 Bf-109 更快，更灵活，爬升也更出众，我们仅仅在机炮数量上略强了一点。"

　　同样装备了雅克 –3 的的法国志愿飞行员们也被它良好的性能折服，法国空军的诺曼底 – 涅门团也成为了装备雅克 –3 中最著名的单位，法国空军二号王牌阿尔贝特更成为了最出名的雅克 –3 飞行员。

　　在德国投降后，该机有了进一步发展的机会。除了安装大功率 M-107 发动机外，因其全金属结构的机体能够适应高亚音速的空气阻力和高热的能力，具备比用胶木或帆布的机体安全的优势，苏联将多架雅克 –3 改造成不同的喷气发动机和火箭发动机的试验机，并在确定涡喷发动机试验成功后，便将近三百架雅克 –3 改造成雅克 –15 喷气式战斗机，开创了苏联进入了喷气时代的里程碑。

13

太平洋上最后的 "神风特攻"

"零"式战机

"零"式舰载机二一型性能数据

翼　展：12.0 米

机　长：9.06 米

机　高：3.5 米

空　重：1,680 千克

最大起飞重量：2,674 千克

动　力：950 马力荣一二型

最高速度：533.4 千米／小时

武　器：翼内 20 毫米机炮 2 门

机　首：7.7 毫米机枪 2 挺

　　　　30 千克炸弹 2 枚或

　　　　60 千克炸弹 2 枚

乘　员：1 人

　　"零"式舰载战斗机，简称"零战"，作为九六式舰上战斗机的后继机，在第二次世界大战期间，是日本帝国海军从 1940 年到 1945 年的主力舰载战斗机。在中国战场一直被使用到第二次世界大战结束，整个太平洋战区都可以见到它的踪影，堪称日本海军在二战时最知名的战斗机，盟军称其为"Zeke"。

　　在战争初期，"零战"以转弯半径小、速度快、航程远等优点压倒美军战斗机。但到战争中期，被美军缴获"零"式战斗机后，其弱点被研究出来。随着 P-51"野马"、F4U"海盗"等高性能战斗机的被大批量地投入战场，"零"式战斗机的优势逐渐失去。到了战争末期，"零"式战斗机沦为"神风特攻队"自杀式攻击的主要机种。

　　"零战"是日本产量最大的战斗机，它代表了第二次世界大战前日本航空工业的最高水平，也是日本海军的象征。1937 年 5 月 19 日，日本海军向"三菱重工"与"中岛飞机"两家公司提出了"舰上战斗机"的设计标书。"三菱重工"中标，主要研发人为该公司的设计主任堀越二郎。由"三菱"与"中岛"两家工厂共同生产，总计生产 10449 架，总数中约有 2/3 为"中岛"生产。第

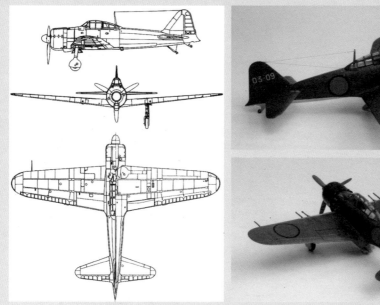

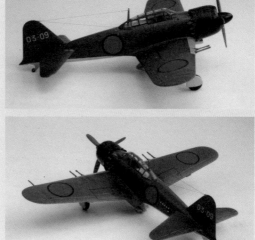

不同视角的"零"式飞机模型照

一架原型机于 1939 年 3 月组装完毕，4 月 1 日于岐阜县首飞成功，1940 年 7 月开始编入日本海军服役。

在二战中比较有代表性的战机中，还有一款英国主力战斗机，它是霍克公司的"飓风"战斗机。这种飞机于 1936 年起投产，1937 年底开始装备部队，其最高时速达 519 千米，升限 10424 米，武器为 8 挺 7.62 毫米机枪。"飓风"曾在各战场上被大量使用，不仅被用以空战，稍加改装还能进行反潜、反坦克和对地攻击。

附记

纵列活塞式发动机

1903 年，世界上第一架飞机的飞行速度只有 16 千米 / 小时，到 1939 年螺旋桨飞机创造的最高平飞速度已达 755 千米 / 小时，俯冲时接近音速。仅仅用了 36 年的时间，飞行速度提高了 47 倍！和音速相比（1200 千米 / 小时），虽然有一段距离，似乎有希望赶超。大家一面提高发动机功率，一面想着让螺旋桨转得更快来提升飞机速度。结果飞机速度还没有达到音速，飞转着的螺旋桨翼尖线速度已经达到甚至超过了音速，这时候的螺旋桨推进效率大大下降，阻力上升，飞机飞行时易发生剧烈抖振、甚至失控而发生坠机的困局。当时人们把这种现象称为"音障"。

星型活塞式发动机

研究发现，原来空气不但可压缩，而且对于螺旋桨来说是有粘力的，桨叶的速度过快，空气就粘不到桨叶面上，高速飞转的螺旋桨在空气中掏出了一个"空泡"，反而抓不到力。研究证明：以活塞式内燃机为动力，使用螺旋桨的飞行器不可能超过音速。

喷气式发动机

于是人们寻求新的动力，制造出了喷气式发动机，并研制出了以喷气推进的新颖飞机——喷气式飞机。螺旋桨飞机从空中王者的宝座上退位，年轻的喷气王子顺理成章地成为蓝天新主人。

让我们再一次回眸战机的"风扇"时代，我的螺旋桨飞机大队的三个小队方阵已经悉数亮相。现在我们把这些模友们戏称的"小风扇"们集合起来排排队，让它们在"飞行者一号"的带领下给我们亮亮相。在只有

螺旋桨飞机（后）伴飞喷气式飞机

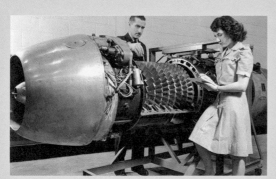

早期的喷气式发动机

不到半个世纪的时间里，它们的出现，代表了人类航空时代的开启，它们的退场又代表了螺旋桨动力飞机一统天下的时代终结。在我家里，我铺了两张卡纸才把它们摊开来，我的"风扇"大队集结完成。

航空史将掀开上新的一页：喷气时代。

"百年飞行联队"中的螺旋桨飞机模型集合

第4章 喷气战士 涡轮长啸

本章开篇，先来一张两个时代飞行器的合照：F-22 喷气式飞机和伴飞的 P-51 活塞式飞机。自一战结束以后的 30 年时间间，1927 年的美国瑞安式"圣路易精神号"飞机、1935 年的德国 Bf-109 活塞式飞机，这两架代表了活塞式飞机的性能日臻完美。1944 年的德国 Me-262 喷气式飞机，它的量产则代表喷气机新生代的到来。

P-51 伴飞 F-22

活塞式发动机发展到 1930 年代，单台功率从 1919 年的 400 马力提高到 1930 年代末的约 2000 马力。美国的星型气冷活塞发动机和英、德两国的液冷直列式或 V 型发动机都取得巨大成功。螺旋桨也由定距改进到变距恒速。飞机的性能已接近极限，若要提高须另辟蹊径。这时，一种全新的涡轮喷气发动机亮相登场。

"圣路易斯精神"号

喷气发动机（Jet engine）是一种通过加速和排出的高速流体做功的热机或电机，喷气发动机做功的理论依据是牛顿第三定律："作用在一物体上的每一个力都有一方向相反大小相等的反作用力。"

涡轮喷气发动机的工作原理是：空气从飞机进气道进入发动机，先经压气机压缩后进入燃烧室与燃料混合燃烧；膨胀的燃气进入涡轮室并推动其旋转，使与涡轮同轴的压气机正常工作；从涡轮流出的燃气经尾喷管膨胀后向后高速喷出，从而产生巨大的反作用力推动飞机前进。

BF-109

凑巧的是，如此重大的航空发动机研发过程，竟然是英国人惠特尔和德国人欧海因在互不知情的情况下，各自独立并几乎同时完成的。这一点恰恰证明了新技术出现的必然性。

Me-262

惠特尔

欧海因

其实，早在 1791 年已出现了燃气轮机的设计方案，但因为叶轮机效率太低，不可能造出实用的喷气发动机。

1910 年 12 月 10 日，在法国巴黎展览会上，有一架飞机在表演时坠毁，驾驶员被抛出燃烧的机舱。但是，这架飞机却引起人们很大关注。因为它使用的一台新型发动机。设计者就是飞机驾驶员本人，他是罗马尼亚人，名叫亨利·科安达，毕业于法国高等技术学校。他设计的发动机是用一台 50 马力的发动机使风扇向后推动空气，同时增设一个加力燃烧室，使燃气在尾喷管中充分膨胀，以此来增大反推力。这就是最早的喷气发动机雏形。

在二战时期的活塞发动机增压器研制中，叶轮机械的效率大幅度提高。在此基础上，英国人惠特尔于 1930 年 1 月取得涡喷发动机发明专利。德国人欧海因却后来居上，他不但在 1935 年取得涡喷发动机专利，而且在 1937 年 3 月研制成功推力为 5000 牛（约 500 千克力）的 HeS-3B 喷气发动机。1939 年 8 月 27 日，装有此发动机改型的德国 He-178 飞机试飞成功，最高速度为 700 千米／小时，成为世界上第一架喷气式飞机。

此后，在 HeS-3B 型发动机的基础上，发展成了具有轴流式压气机的容克公司"尤莫"109-004 型发动机。该发动机装备了著名的德国 Me-262 喷气战机，它海平面静止推力 850 千克，油耗 1650 千克／小时，自重 720 千克，翻修寿命 50 小时。虽工艺粗糙，故障率高，但仍不失为航空史上早期空气喷气发动机中最成功的型号之一。Me-262 战机于 1942 年 7 月 28 日首飞，其最快平飞速度为 850 千米／小时，超过盟军当时所有的活塞式战斗机。

由于英国军方的冷漠和短视，原先超前好多年的惠特尔发明成果转化被耽误了，惠特尔研发的离心式涡轮喷气发动机直到 1937 年 4 月 12 日才试制成功。1941 年 5 月 15 日装有 W-1 发动机的英国喷气式飞机 E28/39 试飞成功。英国在 1943 年终于试飞了"流星"和"吸血鬼"喷气战机。

喷气发动机在初始期有离心式和轴流式两种类型，这两张图片来自网友"PLA"的帖子。离心式的特点是将流体从风扇的轴向吸入后利用离心力将流体从圆周方向甩出去，近似抽油烟机吸烟的状态。而轴流式是流体沿着扇叶的轴向流过，一如活塞式发动机的螺旋桨，使用离心式喷气发动机的英国喷气战机和使用轴流式喷气发动机的德国战机都参加了第二次世界大战晚期的战斗。性能较为先进的德国喷气战机取得了较优秀的战果，促使航空器的动力迅速转向喷气推进时代。

美国于 1941 年引进惠特尔的喷气发动机，1942 年 10 月 1 日，贝尔飞机公司的双引擎喷气战斗机"空中彗星"XP-59A 试飞成功。苏联在二战后从德、英两国引进涡轮喷气发动机，也开始了喷气式飞机的设计。

使用喷气式发动机后，飞机的性能提高很快，空气动力外形也发生了很大变化。早期的喷气式飞机最大速度约为 800 ~ 900 千米 / 小时，所以还是以平直梯形机翼为主。后掠机翼理论虽然早在 1935 年就已提出，但是到了 1947 年，苏联和美国才分别研制了后掠角为 35° 的米格 -15 和 F-86 喷气战斗机。朝鲜战争中米格 -15 与 F-86 飞机的交战，是喷气战斗机著名的空中对手戏。

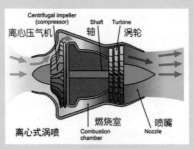

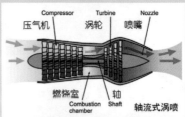

欧海因发明的喷气式发动机

惠特尔发明的喷气发动机

F-86(左)和米格-15

XP-59A

X-1

作为喷气推进的另一种形式，二战中德国人研制的火箭发动机飞机是当时的奇葩。美国也于1943年开始执行贝尔火箭动力试验机的计划。1947年10月14日，美国贝尔 X-1 火箭试验研究机依靠火箭发动机的强大推力，使平直机翼的 X-1 火箭试验机在 12800 米高空达到 1078 千米 / 小时的速度（马赫数为 1.015），首次突破了音障，这是后话了。

在这一章，让我们先来一睹喷气银燕呼啸蓝天的耀眼光采。喷气式飞机的速度已经全面赶超螺旋桨飞机，不过要跨越音速，还要经过不懈地探索和努力。

喷气时代来到了

1

欧海因和"喷气娃娃"He-178

He-178 喷气试验机

He-178 性能数据

翼　展：7.20 米

机　长：7.48 米

机　高：2.1 米

翼面积：9.1 平方米

空　重：1,620 千克

最大起飞重量：1,998 千克

动　力：HeS-3B 涡喷发动机

速　度：598 千米 / 小时

乘　员：1 人

从世界上第一架飞机诞生之日起，提高飞行速度、飞行高度和载重量就一直是人们研制新飞机所追逐的目标，但是到了 1930 年代，飞机的速度一直徘徊在 700 千米 / 小时左右，用苏联著名飞机设计师雅科夫列夫的话说，飞机提速已到了"山穷水尽疑无路"的田地了，涡轮喷气发动机的诞生，开启了全新的时代。德国人欧海因设计制造的喷气式发动机，为世界上第一架喷气式飞机 He-178 安装了强劲的心脏。

欧海因研发喷气发动机的想法得到了他的老师波尔教授和德国著名飞机设计师亨克尔的全力支持，1936 年 4 月，亨克尔对 26 岁的欧海因说："从今天起，你被录用了。我给你 5 万马克，你要在 6 个月内搞出一台喷气发动机来。"1937 年 9 月，他研制的第一台喷气发动机运转了。1939 年 8 月 27 日，亨克尔设计的 He-178 单翼机装上了欧海因研制的世界首台涡轮喷气发动机 HeS-3B。

老年后的欧海因和他发明的喷气发动机

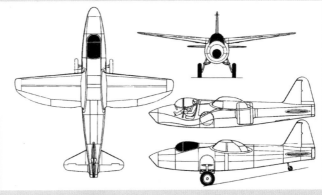

不同视角的 He-178 模型照

这架 He-178 喷气式飞机采用硬壳式铝机身，木质机翼，在德国著名飞行员瓦西茨的驾驶下胜利升空。一个航空新时代诞生了——"喷气娃娃"终于呱呱坠地。

2

"飞燕" 难挽颓势的绝命搏击

Me-262 战机

Me-262 性能数据

翼　　展：12.51 米

长　　度：10.60 米

高　　度：3.50 米

翼面积：21.7 平方米

空　　重：3,800 千克

最大起飞重量：6,400 千克

发动机："朱摩" 004 轴流涡喷引擎

最大速度：870 千米 / 小时

航　　程：1,050 千米　实用升限：11,450 米

武　　器：机炮 / 火箭弹 / 炸弹

乘　　员：1 人

　　梅塞施密特公司的 Me-262 "飞燕" 是德国空军在二战末期入役的一款喷气式战斗机。该机于 1944 年夏末投入实战，成为人类航空史上第一种用于实战的喷气机。它装有两台推力各为 9000 牛的 "朱摩" 004 轴流式涡轮喷气发动机。该机采用的诸多革命性设计，对后来的战斗机的发展产生了非常重大的影响。

　　Me-262 是一种全金属半硬壳结构飞机，机头尖圆，主翼为平直梯形翼，有 5° 上反角，近三角形的尾翼呈十字相交于尾部，翼尖修圆。流线形机身呈三角形剖面。半水泡形座舱在机身中部，透明座舱盖的活动部分可向右打开，飞行员具有较好的视野。座舱设有增压系统，增压系统在 6000~12000 米高度内使用。前风挡玻璃厚 90 毫米，椅靠背铺 15 毫米钢板，具备防弹能力。EZ-42 陀螺瞄准具或莱比 16B 瞄准具，可用于机炮和火箭的发射瞄准。

　　虽然德军的燃料匮乏使得 Me-262 大战中未能完全发挥其性能优势，德国飞行员驾驶该型战斗机取得击落敌机约 509 架、自损 100 架的战绩。尽管新颖的 Me-262 还带着满身的缺点，但它在起飞后可以迅猛加速到 800 千米 / 小

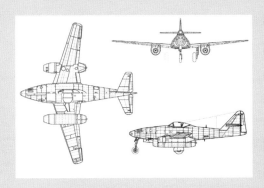

时，比当时一般飞机时速快150千米。很多盟军轰炸机机员都对 Me-262 的速度感到震惊。1944 年 9 月 1 日，美国空军中将卡尔·斯帕兹指出，如果德军配备更多的喷气式飞机的话，就能够大量击落美军的轰炸机。盟军只能暂停对德的日间战略轰炸。但此时轴心国败局已定，纵然"飞燕"身怀绝技绝命搏击，已难挽其主子落败之颓势，德国的先进航空技术没有能够挽救第三帝国覆亡的命运。

与同一时期英国制造的"流星"式战斗机相比，Me-262 的速度比英国的"流星"式还要快，但航程、座舱左右和后方的视线都较差。

战后，Me-262 与很多德军的先进武器一样，落入了苏联和美国手中，双方都缴获了很多完整的"飞燕"。 Me-262 与同时期的 Ta-183 喷气战机一起帮助了美、苏早期的喷气战斗机的设计和发展。

不同视角的 Me-262 模型照

3

专打 V-1 导弹的英国 "流星" 喷气机

"流星"式战机

　　1930 年，英国人惠特尔申请了涡轮喷气式发动机专利，到 1937 年，单转子涡喷发动机运转成功，1941 年，喷气发动机 W1B 装于格罗斯特公司单发的 E.28/39 战斗机，试飞员赛耶成功飞行 17 分钟。英国人用了 12 年时间研制的涡轮喷气式飞机问世了，却晚了德国两年。德国人后研发却先试飞，用了 5 年时间赶超了英国人。如果不是英国上层思想保守，效率低下。那么英国航空技术发展史乃至二战空战史都可能会改写。

英国 E.28/39 战斗机

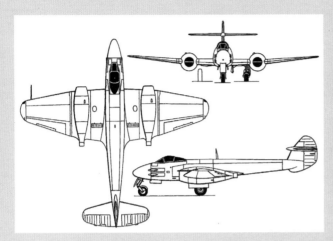

"流星" F8（主要生产型）性能数据

翼　展：11.32 米

机　长：13.59 米

机　高：3.96 米

翼面积：32.52 平方米

空　重：4,846 千克

最大起飞重量：7,121 千克

发动机："罗尔斯－罗伊斯"涡喷引擎 2 台

最大速度：965 千米 / 小时（0.82 马赫）

航　程：965 千米

升　限：13,100 米

武　器：机炮 / 火箭弹 / 炸弹

乘　员：1 人

　　在"不列颠空战"最残酷之时，英国空军决定由格罗斯特公司研制"流星"双发喷气战机，它成了二战中盟军唯一投入实战的喷气式战斗机。1944 年 7 月"流星"入役并执行截击德国 V-1 导弹的任务。8 月 4 日，飞行员迪安在截击一枚德国 V-1 导弹时机炮炮弹耗尽，遂将自己的一侧机翼翼尖垫在 V-1 翼尖下猛然抬起，V-1 失去平衡而坠落。同一天，飞行员罗格也击落了一枚 V-1。整个夏天，"流星"都在忙于截击 V-1 导弹。直到战争结束，"流星"都未能和德国旗鼓相当的 Me-262 喷气战机一较高下。二战后，除了英国以外，超过 12 个国家使用过不同型号的"流星"，其总产量为 3947 架。

英国"流星"式战机

4

孤注一掷的 "国民战斗机"

He-162 战机

　　He-162 "火蜥蜴" 轻型　喷战斗机是德国二战后期的第二款量产喷气战斗机，由亨克尔公司在 1944 年末研制。穷途末路的纳粹德国期望以简单的设计、大批量的生产、速成训练飞行员的办法，动员德国捉襟见肘的作战力量，应对盟军的大规模的轰炸。因此。此款战机被称为动员全民上阵的 "国民战斗机"。He-162 战斗机以单台喷气发动机为动力，空战时的重量不超过 2000 千克，构造简单以便利大量生产，武器装备是一到两门机炮。对待大集群来袭的盟军轰炸机联队，采取 "高速接近，打了就跑" 的截击战术。

　　He-162 V1 型于 1944 年 12 月 6 日进行首次试飞，1945年初 He-162 已经有 100 余架量产型出厂，大规模生产计划也进入成熟阶段。可是由于飞行员训练进度缓慢且燃料短缺，使得 He-162 并没有预想中的有大量飞行员来操作，到大战结束时，这架战斗机并未发挥原先的设计初衷，也没有确切的作战纪录。

He162A-2 性能数据

翼　展：8.45 米

机　长：9.10 米

机　高：2.55 米

最大速度：890 千米 / 小时

航　程：620 千米

空　重：1,750 千克

最大起飞重量：2,780 千克

武　器：20 毫米机炮 2 门

乘　员：1 人

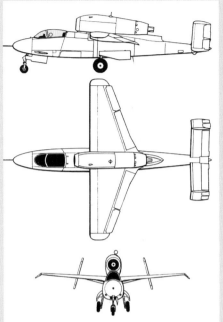

不同视角的 He-162 模型照

　　He-162 的优秀性能使得盟军一如 P-51D "野马"等战斗机根本无还手之力。战后,盟军专家得出结论,He-162 是纳粹空军最优秀的机型,其机动性远远超出盟军任何一种战斗机。

5

美国的首款量产喷气战机——P-80

　　美国第一款喷气战斗机是由贝尔公司设计的 XP-59 战斗机，但是 P-80 "流星"战斗机却是美国第一种大量生产与服役的喷气战斗机。它的衍生机种包括了大名鼎鼎的 T-33 教练机——曾经在许多国家服役，培养了大量喷气机飞行员。

　　美国陆军航空兵在 1942 年下半年将贝尔公司研究中的 XP-59B 单发动机设计案交给洛克希德公司继续进行，发动机将采用英国授权生产的 Halford H.1B 小妖精（Goblin）。美国官方编号 J36。1943 年 5 月洛克希德公司与军方开碰头会，递交了 L-140 喷气战斗机设计方案。当年 6 月美国陆军航空队同意了该方案，飞机编号为 XP-80。10 月签署正式合约，其中附带条件是洛克希德公司必须在接到合约信件后的 180 天交付第一架飞机，不过，洛克希德公司比合约规定的时间节点提前了一个多月完成。同年 6 月，美国决定统一用 "F" 来代表战斗机，于是 P-80C 改称 F-80C。

P-80 战机

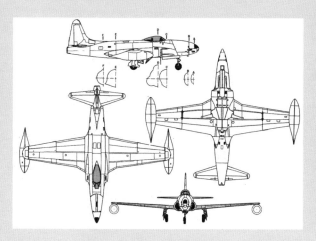

P –80"流星"战斗机性能数据

翼 展：11.85 米

机 长：10.52 米

机 高：3.45 米

翼面积：21.8 平方米

空 重：5,753 千克

最大起飞重量：7700 千克

动 力：J33–A–5 涡喷引擎 1 台

最大速度：932 千米 / 小时

升 限：13,700 米

作战半径：700 千米

武 器：12.7 毫米机枪 2 挺

最大载弹量：908 千克

乘 员：1 人

美军统一编号后 P–80 改称 F–80

6

朝鲜战争中的美国"雷电"

F-84 是美国空军最早大量使用的单座喷气式战斗轰炸机，绰号"雷电"。F-84 由共和飞机公司设计制造。起初，共和公司想走捷径，直接把轴流式喷气发动机装到曾在二战中大显神威的 P-47 战斗机的机身里，但结果证明此路不通。共和公司只好重起炉灶，推出全新设计。其技术特征为：中单翼（平直翼），前三点式起落架，发动机机头进气，气泡型座舱，翼尖油箱。F-84 于 1946 年 2 月 26 日成功首飞，1947 年 6 月开始批量生产，大约生产了 4450 架平直翼型的 F-84E。F-84F 是其后来推出的后掠翼型改型，也是美国第一种能运载战术核武器的喷气式战斗轰炸机。F-84 共有 A、B、C、D、E、F、G、H、J 等十多种机型，总产量达 7889 架。除美国空军自用外，还大量出口给其他国家。

在朝鲜战争中，F-84 几乎每天使用炸弹、火箭弹和凝固汽油弹攻击朝鲜的铁路、桥梁、后勤设施和行进中的部队。平直翼的 F-84E 在性能上远落后于后掠翼的米格 -15。当机动性能更好的米格 -15 登场后，F-84 遭遇惨败。中国空军的第一个空战战果就是击落 F-84。而后，美军把与米格交战的任务交给 F-86 "佩刀"战机，而"雷电"专注于对地攻击。

F-84 战机

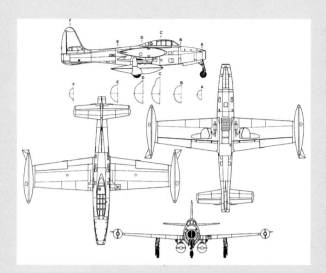

F-84E 喷气式战机性能数据

机　长: 11.73 米

翼　展: 11.1 米

机　高: 3.84 米

空　重: 4,629 千克

动　力: J35-A-47 发动机 1 台

最大速度: 986 千米 / 小时

航　程: 2,390 千米

最大起飞重量: 10,189 千克

武　器: 勃朗宁 13 毫米机枪 6 挺

载弹量: 1,814 千克炸弹 / 火箭弹

乘　员: 1 人

不同视角的 F-84 模型照

7

冷战中的巨型"蝎子"

F-89 战机

    F-89"蝎子"截击机是 1950 年代美国空军的主力重型截击机，它是那个年代北美防空司令部的中坚力量。在美国空军的重要基地中都可以看到 F-89 的身影。

    二战末期，美国陆军航空队开始考虑研制 P-61"黑寡妇"夜间战斗机的替代型，1945 年 3 月 23 日，陆航发出研制下一代夜间战斗机的招标书。贝尔、联合－伏尔提、寇蒂斯、道格拉斯、固特异、诺斯罗普等六家公司分别提交了各自的设计方案。经过初步审核后，诺斯罗普等三家公司的方案获准进入原型机竞争阶段，诺斯罗普的飞机编号为 XP-89。

    第一架量产型 F-89H 于 1955 年 9 月交付空军。F-89H 共生产了 154 架。由于康威尔公司的 F-102A"三角剑"超音速截击机进入服役，F-89H 在空军的服役时间很短。到 1959 年 9 月，所有现役的 F-89H 全部被国民警卫队接收。

    "蝎子"是 1950 年代美国空军最重要的国土防空力量，是当时美国空军应对苏联核威胁的一颗重要棋子。飞行员们 24 小时轮流值班，时刻等待着紧急起飞的警报。但通常在紧急起飞后，飞行员会发现要拦截的目标不过是一架偏离航线的客机或是几架加拿大渔业飞机。有一次，7 架返航的渔业飞机由于

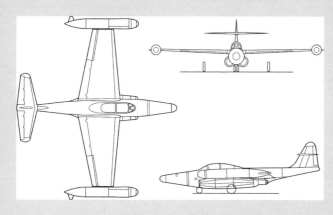

F-89 H "蝎子"截击机性能数据

翼　展：18.19 米
机　长：16.41 米
机　高：5.33 米
空　重：11,438 千克
总　重：19,177 千克
动　力：J35-A-35 引擎 2 台
最大速度：1,024 千米 / 小时
武　器："猎鹰"导弹 6 枚
　　　　70 毫米火箭 42 枚
乘　员：1 人

并排飞行，在地面雷达屏幕上显示出很强烈的信号，"蝎子"飞上去一看，原来虚惊一场，笑话一个。

最后来一张和 M e-262 的合照，我们就知道了 F-89 的体量了。

F-89 模型照

Me-262（左）和 F-89

8

产量过万的 F-86"佩刀"喷气战机

F-86 战机

F-86"佩刀"是第二次世界大战后美国设计的第一代后掠翼喷气式战斗机，用于空战、拦截与轰炸，这是美国早期设计最为成功的喷气战斗机代表作。第一架 F-86 喷气战机在俯冲时就超过了音速，它也是世界上第一架装备空对空导弹的战机。它的家族后来衍生出 F-100"超级佩刀"战斗轰炸机，更是第一款承担作战任务的超音速战斗机。

F-86 由美国北美公司研制，1945 年 5 月开始设计，1947 年 10 月原型机试飞，1949 年 5 月开始装备部队。它是美国、北约集团及日本在五十年代使用最多的战斗机，共生产了 11400 架左右。"佩刀"同时也是一个长寿机种，玻利维亚空军的最后一架服役的 F-86 直到 1993 年才退役，可能创造了作战飞机的服役时间纪录。

F-86 曾在朝鲜战场上与苏联的喷气式战斗机米格 -15 进行过较量。F-86 凭借先进的雷达瞄准具、更灵活的俯冲和中低空机动性能，对早期型号的米格 -15 占有优势，但没有压倒性优势。它的真正对手是米格 -15 的后期改型——

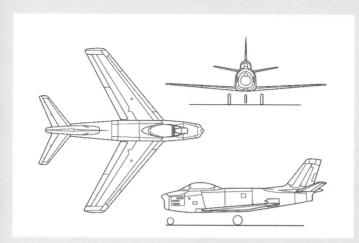

F-86"佩刀"喷气战机性能数据

翼　展：11.90 米

机　长：11.45 米

机　高：4.50 米

翼面积：29.20 平方米

空　重：5,050 千克

最大起飞重量：9,350 千克

最大速度：960 千米 / 小时

升　限：15,000 米

动　力：通用电气 J-47 1 台

武　器：12.7 毫米 M2.50 机枪 6 挺

挂　载：900 千克炸弹或

　　　　127 毫米火箭弹 8 枚

乘　员：1 人

米格 -15 比斯。1952 年底，中国空军已拥有 6 个师的米格 -15 比斯。这两个冤家在朝鲜上空著名的"米格走廊"打得难分难解，双方难言胜负。

不同视角下的 F-86 模型照

9

"米格走廊"里的蒙面大侠

米格—15 战斗机

　　米格－15 战斗机由苏联米高扬－格列维奇设计局设计,北约绰号:"柴捆",是苏联第一代喷气式战斗机中的佼佼者。米格－15 是一种高亚音速喷气式战斗机,设计受到了纳粹德国的 Ta 183 实验机的影响,但苏联人自主完成了整体设计。米格－15 发展并不顺利,直至英国工党政府同意出售两款离心式喷气发动机之后,才有突破。1947 年 6 月首飞,1948 年 6 月投产,成为苏联空军、华约集团和盟友等各国的主力战机。据说,米格－15 战斗机各型机总产量超过 16500 架。

　　米格－15 是苏联第一种后掠翼飞机,采用机头进气,水泡形座舱盖,弹射座椅。中单翼,后掠角 35 度,带 4 枚翼刀,翼下可挂载。飞机未装备雷达,不具备全天候作战能力。

　　在 20 世纪的朝鲜战争中,米格－15 首次大规模投入空战,大胜 F-84 等美军战机,直至 F-86 上场,双方才势均力敌。由苏、中飞行员驾驶的米格－15 在鸭绿江南岸平原一带上空形成了著名的"米格走廊",苏军飞行员改穿中国军装,使用中文呼号投入战斗。米格－15 发挥升限高和火力强的特点,在高空

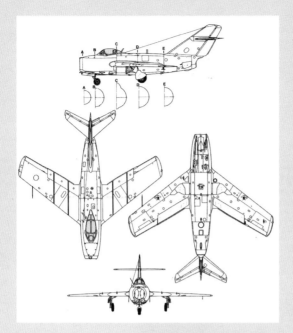

米格—15 战斗机性能数据

翼　展：10.08 米

机　长：10.13 米

机　高：3.4 米

翼面积：20.6 平方米

空　重：3,636 千克

最大起飞重量：5,111 千克

动　力：VK-1 发动机一台

最大速度：1,072 千米 / 小时

升　限：15,554 米

航　程：1,782 千米

武　器：37 毫米 H-37 机炮 1 门

　　　　23 毫米 HC-23KM 机炮 2 门

乘　员：1 人

编队飞行，让"佩刀"可望不可及而忐忑不安，"柴捆"看准机会俯冲下来开炮，F-86 则高速侧转避开，然后以水平回旋快的优势缠斗米格 -15。当接战不利时，中低空机动能好的"佩刀"往下急降，若"柴捆"跟着冲下来，这下可要当心别中了"佩刀"的招。一对冤家浴血搏杀，直至双方休战。

捷克空军的米格 -15 模型照

中国空军的米格 -15 模型照

10

第三帝国首创的火箭飞机 Me-163

Me-163 战机

    德国 Me-163 战斗机是世界首创的火箭动力截击飞机，是二次世界大战中唯一进入服役的火箭截击机，在参战各国当中独树一帜。Me-163 的机身是一架无水平尾翼滑翔机，机身短小，在机头有一个连接发电机的小螺旋桨，飞行时它会被流过机身的气流带动而转动从而产生提供全机的电力。

    Me-163 使用高毒性和腐蚀性的甲醇和过氧化氢作为火箭发动机的燃料，两种液体通过化学反应，从而生成向后喷射的水蒸汽，产生向前的反作用推力。其火箭发动机推力虽大，但是持续作用时间很短。

    Me-163 在翼根处安装 30 毫米航空机炮，两门机炮各备弹 60 发，对轰炸机的破坏力相当强。然而 Me-163 的高速影响了飞行员瞄准精度，30 毫米弹头需要命中数发才有可能击落诸如 B-17 一类的大型轰炸机，因此 Me-163 的实际作战效果有限。

    Me-163 的高速与火箭发动机产生的烟雾，在刚出现与战场时给美国轰炸机与护航的战斗机带来很大的震撼与心理压力。即使盟军速度最快的战斗机也无法追得上高速编队的 Me-163。美军发现 Me-163 的速度虽快，可是滞空时很

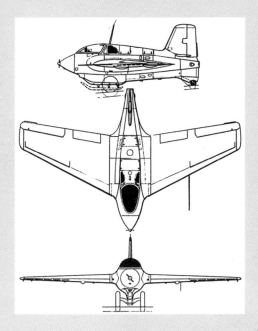

Me-163 火箭截击机性能数据

翼　展：9.4 米

机　长：5.85 米

机　高：2.76 米

翼面积：18.50 平方米

空　重：1,500 千克

最大起飞重量：4,310 千克

滞空时间：7 分 30 秒

最大速度：890 千米 / 小时

升　限：12,600 米

动　力：16.67 千牛 HWK 509A-1/A-2
　　　　 火箭发动机 1 台

武　器：MK108 机炮 2 门

乘　员：1 人

短。Me-163 在拦截轰炸机之后多半是处于燃料用罄、飞机失去动力的滑翔阶段，此时的 Me-163 难于避开美军战斗机的打击。其实，Me-163 的剧毒燃料对德国飞行员的危险很大，飞行员必须一直载着氧气面罩。

Me-163 模型照

11

耶格尔驾驶 X-1 火箭飞机突破音速

X-1 火箭飞机

　　贝尔公司的 X-1 火箭飞机是第一款有人驾驶的超音速飞机，由 NACA 和美国陆军航空队共同研制。（NACA 是美国国家航空咨询委员会缩写，现为 NASA。）它是"X"系列试验机中的第一架。"X"系列试验机是美国用于测试尖端技术的试验机计划，对外高度保密。）二战后，美国科学家卡门和他的同事们在基本上掌握了亚音速、跨音速和超音速空气流动的特点以后，开始了火箭飞机的研究，这就为突破音障提供了技术基础。

　　1946 年 1 月 19 日，第一架 X-1 首次进行了空投自由滑翔试验。12 月 8 日，飞行员古德林驾驶 X-1 进行了首次动力飞行试验。1947 年 10 月 14 日，由著名试飞员耶格尔驾驶 X-1 进行超音速测试。X-1 火箭飞机挂在一架改进后的 B-29 机腹下升空，在空中启动火箭发动机，它从 10 千米高空很快爬升到 12.4 千米。在这个高度上，它的水平飞行速度超过音速，约为音速的 1.015 倍，然后飞机滑翔回到地面。人类终于首次在水平飞行中超过了音速，长期困扰科学家和工程师的音障难关得以突破。这是一项具有历史意义的伟大成就，标志着航空超音速时代的开始。

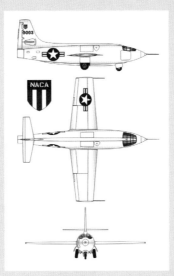

X-1 火箭飞机性能数据

翼 展：8.5 米

长 度：9.4 米

翼 展：8.5 米

高 度：3.3 米

翼面积：12 平方米

空 重：3,175 千克

最大起飞重量：5,557 千克

动 力：XLR-11RM3 火箭引擎

最大速度：1,541 千米 / 小时

升 限：21,900 米

乘 员：1 人

B-29 挂载 X-1 升空

开创航空器超音速时代

附记

在结束本章以前，我们来回顾一下喷气飞机和火箭飞机的发展历程，在二战后期德国已经制造出了这些新动力飞机，多少体现了德意志民族所拥有骄人创新能力。随着纳粹德国的战败，捆绑在战争机器上的德国军机制造业随之终止。在我制作的两次世界大战中的部分德国军机模型中，不乏慢热的德国人的完美之作，让我们在葬礼进行曲声中，为它们画上句号。二战以后，美苏两国为争霸世界成了发展喷气战机的主力队员。让我们再细细品鉴一下，在我们谈论喷气式飞机的划代时，我们不能把当时的新生代宝贝小子遗忘了，就是它们的呱呱坠地开启了一个新时代。在喷气一哥 He-178 的带领下，展现第一代喷气战士的英姿飒爽，我们仰慕航空业界的大师们展现出来的聪明才智。早期的喷气式发动机的推重比不是很高，飞机的速度仅仅比螺旋桨飞机略高一点，所以机翼还是平直翼型为主，速度指标达到高亚音速的战机，则开始采用后掠翼机型。在二战后的朝鲜战争中，东西方两大阵营的喷气式战机又大开杀戒，开始了新一轮的搏杀 。F-86 和米格 -15，这对朝鲜战争中的老冤家的缠斗，凸显了对战斗机的新的技术要求，预示着新一代超音速战机即将亮相。在 X-1 飞机实现超音速飞行后，本章介绍的亚音速喷气战机很快将被新一代的超音速喷气战机所替代。

二战后期的德国喷气机

早期的喷气战机

配合高亚音速的后掠翼机型

He-162 与部分一代机

喷气时代

第5章 银燕竞速 跨越音障

当空气在 15 摄氏度、一个大气压的条件下，声音在空气中的传播速度是 340 米 / 秒，即 1224 千米 / 小时，音速也可以用"马赫数"表示，当马赫大于 1 时，就是超音速了。但是声音在空气中的传播速度与气压、空气密度、气温都有一定的函数关系。若海拔趋高，则音速趋慢。到了 1.1—2 万米以上高空（平流层，或称同温层），音速（马赫）约只有 296.7 米 / 秒，折合 1068 千米 / 小时。

美国制造的 J–57 发动机

早期的喷气式飞机速度最多达到高亚音速，因为喷气发动机的进口温度要求用耐高温的合金材料来制造。到了 1950 年代，英国研制出了耐高温的合金材料，为喷气式发动机提高推力提供了物质前提。美国普惠公司成功研制的 J–57 发动机，奠定了美国发动机制造强国地位。设计师开始为飞机设计出能适应高速飞行的后掠型机翼，再加上运用了减少阻力的"跨音速面积率"设计，对飞机的气动外形进行调整。"跨音速面积律"理论成为每一位航空专业大学生的必修课程。通俗地说，就是在跨音速或超音速飞行时，飞行器"零升力波阻"和飞行器横截面沿飞行器纵轴分布之间存在的一种函数关系。设计的关键是把机身改成所谓的"蜂腰"状，并与之相对应的一系列辅助设计。

美国是发动机制造大国

1953 年，美国 F–100 战斗机的海平面最大速度达到 1,222.84 千米 / 小时，高空平飞速度超过了音速，达到 1370.87 千米 / 小时（海拔 10668 米），喷气式飞机终于突破了音障。美国 F–102 战斗机在 1954 年 1 月试飞时，由于跨音速时波阻过大而未超过音速，随后采用跨音速面积律修形和其他措施，其改型 F–102A 也顺利地超过音速。

"烽腰"机身设计

喷气飞机的诞生和突破音障，是航空发展史上的第三次重大突破，从此飞机进入了超音速飞行的领域。航空大国纷纷研制出速度超过音速的新一代喷气式飞机，突破了以前不可逾越的"音障"。

突破"音障"

美国"百字头"系列超音速喷气机

苏联的超音速战机米格–19（后）米格–21

四款2马赫战机

法国超音速战机幻影Ⅲ

　　1950年代，美国研制了大批超音速战机，其中有著名的空军"百字头"系列：F–100、F–101、F–102、F–104、F–105、F–106、F–107战斗机。苏联有了米格、苏霍伊等设计局设计的家族系列超音速战机，欧洲的英、法、瑞典等国也积极研制超音速战机。没多久，喷气战斗机的速度迅速地提高到音速的两倍。美国F–104"星"、英国"闪电"、瑞典"龙"和苏联米格–21等战斗机都达到了2马赫的速度。"幻影Ⅲ"是法国达索公司研制的单座单发三角翼战斗机，也是2马赫战机，60至70年代作为法国空军主力战斗机出口多个国家，在二战后世界的各个大小战争和武装冲突中屡试身手，博得各国青睐。而英国的"闪电"和瑞典的"龙"可都是当时的超音速的"奇葩"飞机。

喷气二代机

1

美国首架超音速 "超佩刀" 喷气战机

F-100 战机

F-100 "超佩刀" 是美国北美公司研制的世界上第一种具有超音速平飞能力的喷气式战斗机。F-100 最早是作为昼间空中优势战斗机设计的，后来当作战斗轰炸机使用。它是首款广泛使用钛合金制造的战机。该机采用正常布局，机头进气，中等后掠角悬臂式下单翼，低平尾和单垂尾构成倒 T 型尾翼布局。机头进气方式阻力很小，但致命缺点是无法安装大型机载雷达。这使得 F-100 日后作战能力提升受到极大限制。自该机以后的所有美国战斗机设计，无一例外地摒弃了这种进气方式。

F-100 "超佩刀" 是北美公司著名的 F-86 "佩刀" 战斗机的超音速改型。早在 1949 年，北美飞机公司在成功推出 F-86 战斗机之后，开始将设计目标瞄准超音速。他们

F-100A 性能数据

翼　展：11.82 米

机　长：14.36 米

机　高：4.68 米

翼面积：35.82 平方米。

动　力：4,400.10 千克 J57-P-7 / 39 引擎 1 台

最大速度：1,222.64 千米 / 小时（海平面速度）

升　限：15,544.80 米

最大航程：2,082.05 千米

空　重：8,249.06 千克

起飞重量：11,338.65 千克

武　器：20 毫米机炮 4 门 / 翼下挂载 454 千克炸弹

乘　员：1 人

不同视角的 F-100 模型照

决心研制世界上第一种可以在平飞中超过音速的实用型战斗机，并获得成功。F-100 于 1953 年 9 月开始装备部队。主要型别有：A、C、D、F 等。各型共生产 2350 多架，至 1959 年全部停产。它曾在越南战争中执行战斗轰炸任务，是美国空军在越战中使用的主要机型之一。除美国使用外，还在法国、土耳其、丹麦以及中国台湾地区服役。

2

海军首款超音速舰载机 "十字军战士"

F-8 战机

  F-8 "十字军战士"超音速战斗机 F-8 是美国钱斯·沃特公司为海军研制的舰载机。F-8 于 1953 年 5 月开始设计，1955 年 3 月原型机首次试飞，1957年 3 月开始交付美国海军使用。F-8 战斗机是美国海军第一种超音速舰载机、最后一种以机炮为主要武器的战机、也是最后一款舰载单发动机战斗机。F-8的特点是采用可变安装角机翼，起飞、着陆期间，飞机上的液压自锁作动筒可把机翼安装角调大 7°，这样既增加升力又使机身基本上与飞行甲板或跑道保持平行，避免因机头翘起而影响飞行员的视界，起飞后，机翼再回到原来的位置。机翼外段是可向上折叠的，便于舰上停放。装一台普拉特．惠特尼公司的J57-P-20 涡喷发动机。F-8 事故率低，机动性能好。是 1950 年代至 1960 年代美国海军的主力舰载战斗机之一。

  虽然海军的 F-8 与空军的 F-100 同是第一代超音速战机，同样安装一台普惠的 J-57 型发动机，但作为舰载机的 F-8 的设备更多、重量更大、性能和可靠性要求更高。飞行员对"十字军战士"的评价都很好，认为这是一种速度快、爬升猛、机动性好的战斗机。地勤人员对 F-8 维护性也有很好的口碑。

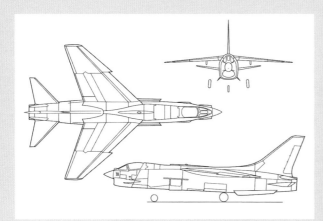

F-8 战斗机性能数据

翼　展：10.87 米

机　长：16.53 米

机　高：4.8 米

翼面积：32.50 平方米

空　重：7,957 千克

最大起飞重量：13,154 千克

动　力：J57-PW-20 引擎 1 台

最大速度：1,976 千米 / 小时

最大航程：2,795 千米

武器装备：20 毫米机炮 4 门

　　　　　/2,268 千克炸弹

　　　　　/ 火箭弹 / 导弹

乘　员：1 人

不同视角的 F-8 模型照

3

"三角剑" 和 "三角标枪" 两兄弟

F-102 战机

    F-102 "三角剑"(Delta Dagger)是美国通用动力康维尔分公司研制的一种单座全天候截击机,主要用于美国的国土防空作战。1953 年 10 月首飞,没有实现超音速的预期。在研发的风洞试验期间已经发现 YF-102 的设计阻力太大,估计难以突破音障,试飞结果不幸言中。在 NACA 兰利航空实验室,发现跨音速面积率的首席专家建议按照面积率重新设计 YF-102 的机身,同时在机尾发动机喷气口两侧外部加装一对突出的面积律整流罩、加长了机头的长度、对座舱盖作低阻化修形,机头雷达罩下倾以改善飞行员视界、对进气口以及为翼型前缘部分进行锥度卷曲都做了修改,以降低阻力。

F-106 战机

    经过修改的第一架原型机(YF-102A)在 1954 年 12 月首飞,在随后的试飞中成功突破音速。F-102 是成为世界上第一种成功应用了面积率设计的超音速飞机。

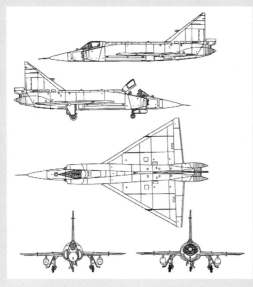

F-102"三角剑"截击机性能数据

翼　展：11.61 米

长　度：20.83 米

高　度：6.45 米

翼面积：64.57 平方米

空　重：8,777 千克

最大起飞重量：14,300 千克

动　力：J57-P-25 发动机

最大速度：1,304 千米 / 小时

升　限：16,300 米

航　程：2,175 千米

武　装：70 毫米火箭弹 24 枚
　　　　或空 – 空导弹 6 枚

乘　员：1 人

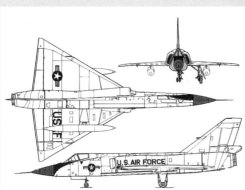

F-106A"三角标枪" 截击机性能数据

翼　展：11.6 米

机　长：21.56 米

机　高：6.18 米

空　重：10,730 千克

最大起飞重量：17,350 千克

动　力：J75-P-17 发动机

最大速度：2,440 千米 / 小时

升　限：17,400 米

乘　员：1 人

　　　而 F-106 是康维尔公司原计划中 F-102 的量产型。和 F-102 一样，F-106 也使用了巨大三角翼无尾布局的设计。两者机翼的区别并不大。不同的是 F-106 在量产型上用前缘缝翼取代了 F-102 上的翼刀。F-106 一改 F-102 纯三角型的垂直尾翼，而采取前后缘都有后掠角的梯形结构。F-106 的机身根据面积率做了进一步优化。它机身处的"蜂腰"比 F-102 更细。同时进气道和尾喷管也做了进一步的优化，以适应更快速度下的减阻要求。飞机上配备的 J75 改型发动机推力比 F-102 的发动机功率足足大了一倍，速度蹿升到 2 马赫以上。

　　　F-106A"三角标枪"(delta darte) 是当时最好的全天候截击机。首架 F-106A 于 1956 年末最终完成。它在美国空军服役了 28 年，是国土防空的中坚力量。

4

堪比"有人火箭"的 F-104 战斗机

F-104 战机

F-104"星"式战斗机是美国洛克希德·马丁公司研制的超音速轻型战斗机,属于第二代战机。它的设计一反当时美国空军朝向更大更重的趋势,强调轻盈与简单,被认为是朝鲜战争经验的总结设计。F-104 是世界上第一架拥有两倍音速的战机,并在 1960 年代长期保持爬升和最大升限(22000 米)的世界纪录。

F-104 战机于 1951 年开始设计,1954 年 2 月原型机首次试飞,1958 年开始装备部队。1958 年洛克希德公司对 F-104C 的机体结构重新设计,提高了结构强度,改进了机载设备,研制成多用途战斗机 F-104G,被德、日、加、意、荷、丹麦等国采用,进行大批量生产。F-104 主要型别有 A、C、G、J、S 等,共生产 2,578 架。

F-104 因强调高速飞行的性能,有酷似火箭的外形,拥有"有人火箭"的昵称,飞行员有点像骑在火箭上飞行。因为过分强调了速度、升限、加速与爬升能力,减弱了它的盘旋能力,导致飞机容易失速。因其低速稳定性差,事故率高,使其操控性一直为人诟病,被称为"飞

F-104A 轻型战斗机性能数据

翼　展: 6.60 米
机　长: 16.69 米
机　高: 4.11 米
翼面积: 18.22 平方米
最大起飞重量: 10,090 千克
最大时速: 2,465.5 千米 / 小时
升　限: 18,288 米
动　力: GE J79-GE-3B 引擎 1 台
武　器: M61 机炮 1 门
　　　　7 个武器挂载点 1,800 千克
乘　员: 1 名

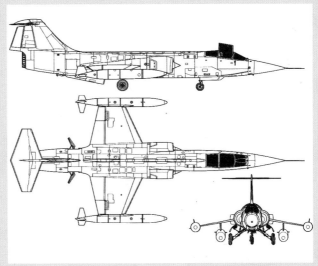

F-104 模型照

F-8（前）F-104（左后）F-100（右后）

行棺材"。也有人认为这是飞行员训练不够所致。F-104战机与苏联米格－21、法国"幻影Ⅲ"战机一起被评为1960年代世界三大高性能战斗机。

5

盎格鲁萨克森的 "闪电" 奇葩

"闪电" 式战机

英国电气的 "闪电" 式截击机是英国航空工业自行设计并制造的唯一一种二倍音速飞行的双发单座喷气战斗机。"闪电" 的研制工作始于 1949 年，是由英国电气公司以超音速研究机为目的设计研制的。1952 年 12 月，"闪电" 式截击机的试验原型机实现首飞。1956 年 11 月，"闪电" 战斗机投产，至 1970 年完全停产。

英国飞机设计一贯标新立异，也一直保持其独特风格：美丽、怪异，再加一点浪漫。"闪电" 式战斗机也不例外。"闪电" 式战斗机的气动布局采用后缘切口的三角形上单翼和低位平尾布局，两台发动机上下排列于机身内，它整个机身设计符合于面积律要求。该机之所以要上下并列的发动机，这是为了抬高座舱，改善飞行员视野，而采用了这种令人瞠目的设计思路。"闪电" 式截击机为了在机首的激波锥内安装雷达，不得不加大其直径。同时，为了合理地向两台发动机

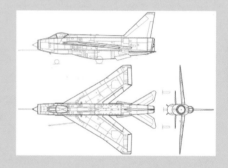

"闪电" 式截击机性能数据

翼　展：10.61 米

机　长：16.81 米

机　高：5.97 米

翼面积：44.08 平方米

空　重：13,400 千克

最大起飞重量：21,770 千克

最大速度：2,335 千米 / 小时（2.2 马赫）

升　限：18,300 米

作战半径：830 千米

乘　员：1 人

不同视角的"闪电"模型照

供气，进气口直径也要加大。该机的主起落架在机翼内收放，翼下空间有限，迫使设计人员不得不将副油箱或导弹"驮"在机翼上面的挂架之上，投出时需要采用弹射方式。

"闪电"的机动性能不错，在后来与美军的联合演习中，竟多次成功地"拦截"在高空飞行的美国 U-2 飞机，赢得了军方的青睐。"闪电"进入英国皇家空军服役，在战斗一线一待就是 20 多年，直到 1988 年才从一线战斗部队退役。

英国人在武器设计上常常灵光乍现，一鸣惊人。先不说令人震惊的"大舰巨炮"，从航母上的蒸汽弹射器到斜角甲板都是非常牛的天才设计。二战中，德国人设计了螺旋桨双发动机纵列的 Do335。二战后，英国人来个 喷发动机纵列的双发"闪电"创新。从英国电气的奇才"闪电"到美国 P-38 这个双身怪才，再到现今 F-35 这个"肥电"，三款盎格鲁萨克森的"闪电"全都是奇葩。

6

北部湾上空的 "雷公"

F-105 战机

　　F-105 "雷公"战斗轰炸机，是由美国共和公司为美国空军研制的一款超音速战术战斗轰炸机，因其特大的内部武器舱和翼根下的独特的前掠形发动机进气口而出名。F-105虽然属于第二代战机，但同时有制空和轰炸攻击两大功能，可以说是现代F-15E或F/A-18等战斗轰炸机的先驱概念验证机。

　　F-105 战斗轰炸机虽然设计的初衷是战术核弹投掷机，但是在越战中，因强大的常规攻击能力而一举成名。凭借其低空高速的飞行能力，F-105 负担了美国空军大部分的对地轰炸支援任务。原本该机设计是单座单发战机，但是根据需求评估后来又设计了双座机型，用于强化对地精准轰

F-105 是多用途战机

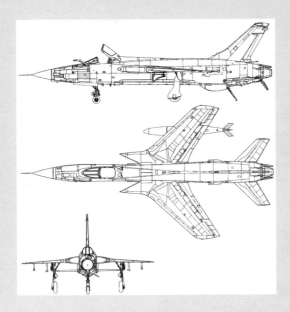

F-105 战斗轰炸机性能数据

翼　展: 10.65 米

机　长: 19.63 米

机　高: 5.99 米

翼面积: 35.76 平方米

空　重: 12,470 千克

最大起飞重量: 23,834 千克

发动机: J75-P-19W 涡喷引擎

最大速度: 2.08 马赫

战斗半径: 1,250 千米

升　限: 14,800 米

武　器: 20 毫米 M61 机炮

挂载量: 6,700 千克

乘　员: 1 人

炸压制敌军防空火力。本机基本上延续 F-100 战机的超音速概念,装备了传统炸弹和机炮。F-105 首飞于 1955 年,服役于 1958 年。在当时,它单座型的载弹量已经超过二战时的许多重型战略轰炸机。

　　在 50 年代美国有一个有名的"百字头"系列战机,是军迷津津乐道的话题。以上我们已经介绍了 F-100、F-102/106、F-104 和 F-105,下面我把其他几款型号放个图片做个简述。

　　F-101　　麦克唐纳飞机公司设计的"魔术师"远程战斗机,是由该公司较早的 XF-88 飞机发展来的。

F-101

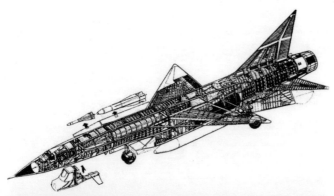

XF-103

YF-107A

XF-103 共和航空公司设计的一种三角机翼截击机，飞机预期的马赫数为3，它有由一台涡轮喷气发动机加一台冲压发动机的组合动力装置。这种漂亮而神秘的飞机至今还有许多秘密没有被揭开。机身是用钢和钛制成的，它的外型细长，座舱与机身一体化的，成员从前起落架舱进入座舱。XF-103在竞标中输给了北美公司的F-108。

YF-107A 共和航空公司设计的后掠机翼战斗轰炸机。于1956年9月10日首次飞行，共制成3架原型机。这种飞机的特点是在座舱后上方有背部进气道。其实YF-107A设计如此怪异的原因还是为了增加弹舱的容积，但在和F-105B竞争中败落。

F-108 北美F-108的方案，采用两侧进气，楔型进气道。双三角翼无尾布局，外段机翼有明显下反，近似海鸥的机翼形状。预期是一种马赫数为3的远程截击机。专为XB-70轰炸机护航，在XB-70下马后也随之取消。未制造，仅到木模阶段。

F-108

F-109

F-110 后来改称为 F-4

F-109 贝尔公司开发的一种 2 马赫垂直 / 短距起落战斗机方案，两台在机身内，提供前飞速度，另外 4 台分别装在两侧翼尖，并可以转向，提供垂直推力和前进推力。值得一提的是，该机是在德国 VJ-101 验证机上发展而来的。

F-110 1962 年 9 月 8 日美军决定合并美国空军和海军的编号体系后，将空军的 F-110 改为 F-4C，将海军的 F4H-1 改为 F-4B。F-4 战机我们将在下一章做详细介绍。

7

斯堪迪纳维亚上空的瑞典"龙"

萨博 J35 战机

在冷战时期，瑞典在美苏两大阵营剑拔弩张的情况下，坚持自己武装中立的立场。我们知道瑞典的"萨博"（SAAB）是名牌汽车，其实"萨博"公司的飞机造得也很好，还形成了一个系列的战机家族。

萨博J35"龙"（Saab J35）是世界上首次运用双三角翼布局的全天候多用途战机，是瑞典空军在1955-1974年期间委托萨博制造新一代战机。考虑到瑞典的国土环境，瑞典空军向"SAAB"提出战机在战时能在小型机场和高速公路上起降，并在降落后十分钟 完成重新加油和挂载。

萨博J35原型机于1955年首飞，起初 定为昼间战斗机，后来演变为多用途战机，这是一种有效的超音速战斗机。萨博J35"龙"的 特色是在一个三角翼的基础上再加另一个三角翼，前面的 翼80°角为飞机提供了良好的高速性能，而外侧60°角的延展翼则给战机提供在低速时的良好性能。

萨博J35"龙"除了成为瑞典空军主力战机外，还出口到 地利、丹麦、芬兰等国。

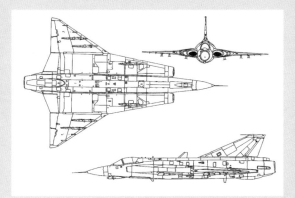

萨博 J35 战机性能数据

翼　展：9.42 米

机　长：15.35 米

机　高：3.89 米

翼面积：49.2 平方米

空　重：8,250 千克

最大起飞重量：15,000 千克

动　力：Volvo Flygmotor RM6C 或
Rolls-Royce Avon RA.29/Mk.300

最大速度：2.0 馬赫

航　程：3,250 千米

升　限：18,300 米

武　器：30 毫米阿登-55 机炮 1 门

最大挂载：2,900 千克

乘　员：1 人

一组萨博 J35 模型照

8

神州大地的蓝天卫士

米格-19 战机

　　米格-19 战斗机（俄语：Микоян МиГ-19，北约代号"农夫"，Farmer），是苏联米格设计局研制的最后一款双发后掠翼战斗机，也是世界上第一批量产的超音速战斗机。它爬升快，加速性和机动性好，火力强，能全天候作战，主要用于空战，争夺制空权，也可实施对地攻击。

　　米格-19 战斗机曾在中国大批量仿制和改进生产，被命名为歼-6。歼-6 曾一度是中国人民解放军空军的主力装备。歼-6 多次参加空战，在国土防空作战中战绩彪炳。它还被改装成强-5 攻击机、歼教-6 教练机与其他试验机型。

　　在经历了漫长的 47 年服役期之后，中国空军装备的歼-6 在 2005 年全面引退。无论如何，曾经长时间独力支撑中华神州天空的歼-6 都是不应该被忽视的。回顾歼-6 仿制、改进过程，出现的质量管理欠缺、技术储备不足的情况，这是歼-6 发展过程中给我们留下的两个最大的教训。

　　米格-19 的气动外型和米格-15、米格-17 一脉相承。米格-19 于 1952 年 5 月 24 日首飞成功，起初只能在俯冲中达到超音速，后来改装了推力更大的发动机，换装更大面积的全动式平尾，顺利达到了设计要求。

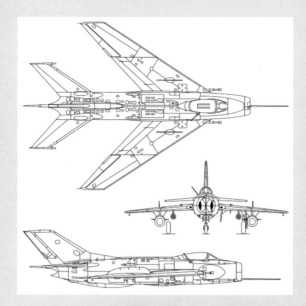

米格-19 战斗机性能数据

翼　展：9.2 米

机　长：12.5 米

机　高：3.9 米

翼面积：25.0 平方米

空　重：5,447 千克

最大起飞重量：8,832 千克

动　力：RD-9B 或 RD-9
BF-811 涡喷引擎 2 台

最大速度：1,455 千米/小时（1.36 马赫）

续航时间：1 小时 43 分

升　限：17,500 米

武　器：航空机炮/翼下导弹
或火箭、炸弹和副油箱

乘　员：1 人

不同视角的米格-19 模型照

9

年逾花甲的飞将军米格 -21

米格 -21 战机

　　米格 -21 战斗机（俄语：Микоян МиГ-21 北约代号"鱼窝"），是苏联米格设计局于 1953 年开始设计、研制的一种单座单发超音速轻型战斗机。苏联飞行员给它的外号是"三角琴"。1955 年原型机试飞，1958 年开始装备部队。它是 60 年代苏联空军的主力制空战斗机，其主要任务是高空高速截击、侦察，也可用于对地攻击。米格 -21 速度快、减速性能好，但机动性能不好，加上机载设备过于简单，武器挂载能力小和航程短，因而作战能力有限。

　　该机是第二次世界大战以后世界上生产数量最多的超音速战斗机。在 1960年代，苏联空军就装备了 2500 余架，并出口至世界 37 个国家和地区。中国大量生产了米格 -21 的中国版——歼 -7 战机，捷克斯洛伐克和印度等国也进行了特许生产。与西方同级别的战斗机相比，较低的价格使其成为了 20 世纪产量最多的喷气式战机。在全新的歼 -10 服役以前，歼 -7 一直是我军的主力战机。

　　1980 年之后，中国推出了采用新式航电设备、以空中缠斗为主要任务的歼 -7M，受到许多国家的高度评价。据说至今仍有一些国家的空军也还在使用

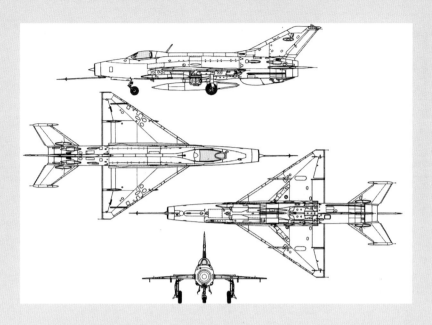

米格 -21 战斗机性能数据

翼　展：7.15 米

机　长：14.1 米（不含空速管）

机　高：4.13 米

翼面积：22.95 平方米

空　重：5,895 千克

最大起飞重量：10,100 千克

动　力：图曼斯基 R25-300 涡喷引擎 1 台

最大速度：2,230 千米 / 小时（2.05 马赫）

最大航程：1,225 千米（未使用外挂油箱）

升　限：18,700 米

乘　员：1 人

米格 -21 模型照

模型尾喷细节

米格 -21 战机。

在这里，把本章中速度达到 2 马赫的 4 架战机亮个相，其中米格 -21 最长寿了，不愧为年逾花甲的在役老将。

我本人在初中的时候是三角翼飞机的铁粉，只要见到是美国 F-102、英法的"协和"和米格 -21 这些三角翼飞机的图片，就爱不释手，仔细观摩。米格 -21 咱们中国也有，虽然称为歼 -7，但和米格 -21 是一回事。看着它漂亮的三角翼气动外形，加上神奇的 2 马赫速度，令我等上世纪的中国军迷们顶礼膜拜，赞叹有加。我的模型制作中，米格 -21 一共做了两个，两个涂装不一样。一个是铝本色的，是后来做的。一个是白色的，送了友人。

关于米格 -21 在中国，还有一个令人称奇的故事。在吃透了米格 -21 的制造技术和设计图纸以后，中国把歼 -7 的气动尺寸放大，给它安装两个发动机，发展出歼 -8I 战斗机。歼 -8I 看起来像是超大号的米格 -21。后来改成两侧进气的歼 -8-II（F-8II）则是改成类似米格 -23 的进气道配置，主要作为本土防空拦截之用。

我们中国空军在上个世纪中后期的主力机型，基本上是米格家族的仿制和改良型，他们是保卫神州大地的蓝天卫士。

美国《国家利益》双月刊网站 2013 年 12 月 7 日刊发题为《史上最强的五种战斗机》一文中罗列了世界上的五大最强战斗机，它们分别是：法国的

白色涂装的歼 -7 模型照

斯帕特 13、美国格鲁曼公司的 F-6F、德国梅塞施密特公司的 Me-262、苏联米格设计局的米格 -21 和美国麦道公司的 F-15 战机。其中作者对米格 -21 有一个形象的的比喻："从某种意义上说,米格 -21"鱼窝"就是战机世界中的 AK-47 自动步枪。50 个国家用过米格 -21,而且这种飞机已经飞了 55 年。目前在 26 国空军中仍然发挥重要作用,其中包括印度、中国、越南和罗马尼亚空军。就算米格 -21 及其衍生机型飞到 2034 年,又有谁会感到惊讶呢"。

铝本色涂装歼 -7 模型照

四款速度达到 2 马赫的超音速战机

10

设计大个头飞机的苏霍伊家族

　　苏-7战斗机，是苏联苏霍伊设计局于1950年代中期研制的一种后掠翼喷气式战斗轰炸机。是20世纪六七十年代苏联空军与华约国家空军的主要装备之一，北约代号装配匠-A（Fitter-A）。苏联先后生产了超过3000架各种型号的苏-7，苏联空军最多在一个时期装备了超过1400架苏-7战斗机。

　　1950年代中期研制成功的苏-7前线战斗机与苏-9防空战斗机，是苏霍伊设计局二战后成功研制的第一批喷气式战斗机，确保了其歼击机设计机构的地位。苏-7与苏-9采用了基本相同的机身与动力系统，但通过机翼设计上不同的翼型来满足不同军种对战斗性能的需求差别。苏-7最早是与米格-21竞争苏联前线战斗机的型号。苏-7的体积更大、推重比更高，在火力和综合机动性上占有优势，但最终米格-21胜出，苏-7最后发展成了前线战斗轰炸机。

　　第二次世界大战末期，喷气式发动机和雷达的出现了，预示了新一代战斗机的发展方向。战后，苏联和西方国家从纳粹德国获得了这些技术。新战机特征是飞得更快，看得更远，打得更准。机载雷达和武器的火控瞄准系统得到广泛使用。二战结束后短短的十余年时间里，新型战机不但跨越了音速，而且使速度翻番！

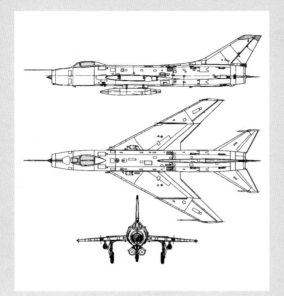

苏-7 战斗机性能数据

翼　　展：9.31 米

机　　长：16.80 米

机　　高：4.99 米

翼面积：34 平方米

空　　重：8,330 千克

最大起飞重量：15,210 千克

动　　力：F-1-250 引擎 1 台

最大速度：2,150 千米 1 小 / 时

航　　程：1,650 千米

升　　限：17,600 米

武　　器：30 毫米机炮 2 门

　　　　　可挂 8U69 核弹

乘　　员：1 人

　　上世纪中叶美苏两大阵营开展了军备竞赛。在冷战似乎一触即发的高危时期，华约和北约两大阵营拼命发展各种性能优异的战斗机，各国列装的机型和数量达到史无前例的顶峰。当两个超级大国极力对自己的新战机设计而殚精竭虑时，大家在越南战争中发现了战斗机的另一个重要指标——机动性，它仍然主宰着天空中的格斗和绞杀，同样也决定着空战的胜负。美军的一些性能优异的战斗机都是大个头，在低空低速缠斗时，有时侯却输给小巧的亚音速米格-17 战斗机和轻巧的米格-21，这是一张越战双方战机的体量比较图。大家认识到：下一代战斗机应该使各项指标平衡，并把高机动性作为战斗力的第一要素。

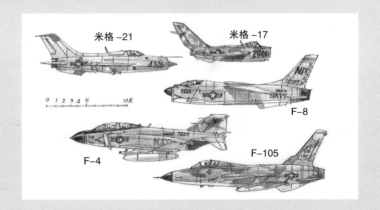

第6章 灵巧飞侠　苍穹奇葩

1950年代，喷气战斗机的速度提高到音速的两倍，60年代发展了3倍音速的军用飞机。在大幅提高飞行速度的同时，还出现了两项航空新技术——变后掠机翼和垂直起降技术，它们在飞机上的成功应用，为提高飞机的综合性能开辟了新途径。

SR-71 团体照

3马赫的军用飞机——1962年4月，美国研制的原型机 A-11 试飞成功。由 A-11 发展出 YF-12 远程截击机和 SR-71 战略侦察机。SR-71 于 1964年试飞，1966年交部队使用。飞机在高空持续以3倍音速飞行时，高速的空气摩擦造成机体温度极度升高，因而出现了热障问题。为了克服热障，SR-71 机体重量的93% 为耐高温钛合金制造。1976年 SR-71 创造了喷气发动机飞机的速度世界纪录—— 3529.56 千米／小时。苏联的3倍音速飞机是米格 -25 截击／战略侦察机，1969年装备部队。其原型机 E-266 曾于1977年8月31日创造涡轮喷气发动机飞机的升限世界纪录—— 37650 米。

SR-71 构件解剖透视图

米格 -25

变后掠翼战斗机——世界上第一种变后掠翼战斗机是由美国通用动力公司于1965年研制成功的 F-111。大后掠角的机翼和平直机翼相比，更有利于高速飞行，但低速飞行性能不好，转弯半径大，起飞和着陆滑跑距离比较长。于是，有人开始研究能在飞行时改变机翼的后掠角度的飞机，起降和低空飞行时呈平直翼型，在高速飞行时呈后掠翼或三角翼型，依此来解决飞机低速和高速飞行性能的矛盾。早在第二次世界大战期间，德国就已进行了这项研究。美国在此基础上于1948年开始变后掠翼飞机的技术试验。F-111 就运用了上述技术成果。此后，苏联的米格 -23、苏 -24 战斗机、美国的 F-14 战斗机以及英国、德国、意大利联合研制的"狂风"式战斗机也采用了变后掠翼技术。

垂直起飞时喷口向下

平飞时喷口向后

空中悬停和短距起降

F-111 可变后掠翼飞机在低速飞行时展开机翼
（上）高速飞行时收拢机翼。

垂直 / 短距起降战斗机——世界上第一种垂直 / 短距起降战斗机是由英国霍克·西德利公司于 1966 年研制成功的"鹞式"战斗机。该机从 1957 年开始研制，机上装有一台"飞马"型涡轮风扇喷气式发动机，四个喷口对称置于在两侧，喷口转向后方，

第三代战机

飞机前飞，喷口转向下，喷气产生升力，使飞机垂直向上、短距离起飞和在空中悬停。这种飞机甚至可在空中实现向后和横向的移动，具有极高的机动灵活性。"鹞式"飞机可大大减少对跑道的依赖，提高了作战部置的灵活性。

在前两代战机的发展当中，单一用途的截击机与战斗轰炸机在此互相交汇。得益于各项系统的进步，尤其是雷达与航电效能的提升，使得第三代的战斗机开始走上了多任务，多用途的路线。

1

面目狰狞的 F-4 "鬼怪"

F-4 战机

F-4 "鬼怪"（Phantom）是美国麦克唐纳公司为海军研制的一款双发双座舰载重型战斗机，后来美国空军也大量使用此机型。F-4 于 1956 年开始设计，1958 年 5 月第一架原型机试飞，量产型则于 1961 年 10 月开始正式交付海军使用。1963 年 11 月开始进入空军服役。

F-4 是美国第三代战斗机（美俄统一后的五代划分法）的典型代表，各方面的性能都比较好，不但空战性能好，对地攻击能力也很强，是美国空、海军 1960-1970 年代的主力战斗机，参加过越南战争和中东战争，也曾经是美国空军雷鸟飞行表演队表演用机。它的缺点是大迎角机动性能欠佳，高空和超低空性能略差，起降时对跑道要求较高。

"鬼怪"起源于 1953 年 8 月麦克唐纳公司的一个设计团队的构思，最初的目标是提升公司 F3H "恶魔" 舰载战斗机的性能和多用途性以获得更多的订单。麦道公司在 1954 年 8 月向海军正式提交了 F3H-G/H 方案。

1955 年 5 月 26 日，在对海军的需求深入研究后，航空局要求麦

F-4 重型战机性能数据

翼　展：11.7 米

机　长：19.2 米

机　高：5.0 米

翼面积：49.2 平方米

空　重：13,757 千克

最大起飞重量：28,030 千克

动　力：J79-GE-17A 引擎 2 台

最大速度：2,370 千米 / 小时

战斗半径：680 千米

升　限：18,300 米

武　器：9 个外挂点

最大载荷 8,480 千克

20 毫米机炮 1 门

乘　员：2 人

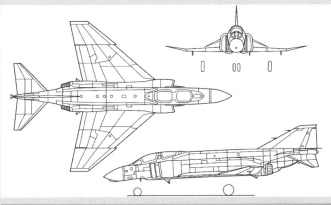

不同视角的 F-4 模型照

道公司制造 两架双座全天候战斗机，武器全面导弹化。6月23日下达了正式编号 YF4H-1，这是战斗机的编号。

"鬼怪"的全动平尾下反23度，兼具稳定鳍的作用；主翼的折叠外翼段上反12度，并设置锯齿；进气道为带附面层隔离板的式样。直到1956年12月31日才最终完成设计，而平尾的下反和外翼段的上反造就了"鬼怪"与众不同的奇特外形。

2

比导弹飞得还要快的"黑鸟"

SR-71

SR-71"黑鸟"(Black Bird)超音速侦察机是由美国研制的，速度达到 3 马赫的高空战略侦察机。SR-71 是以洛克希德公司的 A-12 为基础（同系列的另一款机型是 YF-12 截击机）设计而成。SR-71 使用了大量当时的先进技术，是采取低可侦测性技术（隐身设计）的飞机，SR-71"黑鸟"的飞行高度达到 30000 米，最大速度达到 3.35 倍音速，被称为"双三"飞机。此飞机创造纽约飞往伦敦 1 小时 54 分 56.4 秒的纪录，当时的时速已达 3529 千米，速度比来福枪的子弹还快，飞行高度是珠穆朗玛峰高度的三倍。

因此 SR-71 比现有绝大多数战斗机和防空导弹都要飞得高、飞得快，能高速躲避敌机与防空导弹。出入敌国领空如入无人之境，在敌国上空的"枪林弹雨"中飞行，从未受到任何实质威胁。在实战记录中，没有任何一架 SR-71 曾被击落过。

SR-71 于 1963 年 2 月开始研制，1964 年 12 月开始试飞，1966 年 1 月交付使用，1990 年全部退役。SR-71 机体重量的 93% 为钛合金，

SR-71 侦察机性能数据

翼　展：16.94 米

机　长：32.74 米

机　高：5.64 米

翼面积：170 平米

空　重：30,600 千克

最大起飞重量：78,000 千克

动　力：J58-1 涡喷亚燃冲压
　　　　组合循环发动机二台

最大速度：3529.56 千米 / 小时（3.35 马赫

航　程：2,960 千米
　　　　（2 个副油箱）

作战半径：5,400 千米

实用升限：24,285 米

最大升限：约 30,500 米

乘　员：1~2 名

不同视角的 SR-71 模型照

其气动外形为三角翼、双垂尾，发动机布置在机翼上。SR-71 有三种改型：A 型为战略侦察型，共生产 25 架；B 型为教练型，共生产 2 架；C 型是由 A 型改装的教练型。机载设备有天文导航装置、激光测距装置、电子对抗装置、合成孔径测视雷达、高分辨率照相机、红外和电子探测器等。

　　SR-71 上有两名成员：飞行员和系统操作手。座舱呈纵列式。由于 SR-71 的飞行高度和速度都超出人体可承受的范围，两名成员必须穿着全密封的飞行服，看上去与宇航员外观类似。SR-71 是第一种成功突破"热障"的实用型喷气式飞机。为此机身采用低重量、高强度的钛合金作为结构材料；机翼等重要部位采用了能适应受热膨胀的设计，因为 SR-71

He-178 和 SR-71

在高速飞行时，机体长度会因为热胀而伸长 30 多厘米；油箱管道设计巧妙，采用了弹性的箱体，并利用油料的流动来带走高温部位的热量。尽管采用了很多措施，但 SR-71 在降落地面后，油箱还是会因为机体热胀冷缩而发生一定程度的泄漏。实际上，SR-71 起飞时通常只带少量油料，在爬高到巡航高度后再进行空中加油。

在美国人设置的层层"保密黑幕"的隐蔽下，长期以来人们无法了解"黑鸟"家族的真相。实际上，"黑鸟"家族，即"黑鸟"系列飞机有三种机型： A-12"牛车"单座侦察机及其派生型、YF-12A 试验战斗机和 SR-71 战略侦察机。这三种型号的飞机分别制造了 15 架、3 架和 31 架。当前仍在使用的"黑鸟"只有 4 架：由美国空军第 9 侦察联队第 2 分遣队使用的两架 SR-71A 重新服役型、由美国国家航空航天局 (NASA) 德赖顿飞行研究中心使用的一架 SR-71A 和一架 SR-71B。

最近有消息传出，洛克希德公司推出了 SR-72 高超音速无人侦察机的方案，用于取代 SR-71。其最高飞行速度将达到惊人的 6 马赫，是 SR-71 飞行速度的两倍，比当今最先进的导弹飞得还快，堪称人类制造的"最快飞机"。

不同视角的 SR-71 模型照

　　我这次制作的 "黑鸟" 是用的比较高档的 "长谷川" 模型板件, 完成了模型制作后, 把它和世界上第一架喷气机 He-178 对比, 一大一小, 令我感慨良多。

3

一架能悬停的固定翼飞机

"鹞"式战机

"鹞"式战斗机是一种亚音速单座单发垂直/短距起降战斗机，由英国霍克飞机公司（已并入英国航宇公司）和布里斯托尔航空发动机公司（已并入罗尔斯－罗伊斯公司）研制的世界上第一种实用型垂直/短距起降战斗机，其主要作战任务是海上巡逻、舰队防空、攻击海上目标、侦察和反潜等。垂直/短距起降的"鹞"式战斗机是英国人的天才发明。

1966年8月"鹞"式原型机试飞，1969年4月开始装备英国空军。"鹞"式飞机采用带下反角的后掠上单翼，一台"飞马"发动机，发动机推力9566千牛。机身前后有4个可旋转0°～98.5°的喷气口，提供垂直起落、过渡飞行和常规飞行所需的动升力和推力，机翼翼尖、机尾和机头有喷气反作用喷嘴，用于控制飞机的姿态和改善失速性能。"鹞"具有中低空性能好、机动灵活、分散配置、可随同战线迅速转移等特点。其最大缺点是垂直起飞时航程短、留空时间短和载弹量小。

英国"鹞"式战斗机研制成功后，美国海军陆战队购买了一批"鹞"Mk50，重新编号为AV-8A，用于近距离空中支援和侦察。

"鹞"式战斗机性能数据

翼　展：7.70 米

机　长：13.89 米

机　高：3.45 米

翼面积：18.68 平方米

空　重：5,580 千克

最大起飞重量：11,340 千克

最大速度：1,186 千米/小时

升　限：15,240 米

短距滑跑：418 千米

航　程：3,300 千米

武　器：30 毫米机炮舱 2 个
　　　　454 千克炸弹 3 枚
　　　　155 火箭发射筒 2 个
　　　　"响尾蛇"空空导弹

乘　员：1 人

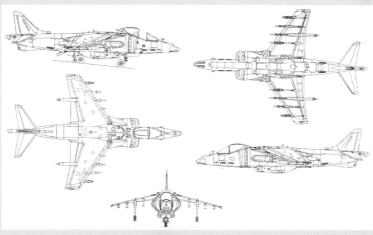

不同视角的"鹞"式模型照

4

性价比甚优的便宜货 "虎鲨"

F-5 战机

F-5 战斗机是美国诺斯罗普公司研制的双发轻型战术战斗机，绰号"自由战士"。其中 A 型是早期生产型；E 型的绰号"虎"，是单座轻型战术战斗机；RF-5E 是侦察型；B 型和 F 型是双座教练型；G 型又称 F-20，是多用途战斗机，供出口。F-20 的绰号为"虎鲨"。诺斯罗普公司于 1955 年开始研制 F-5 战斗机，其设计特点是：不追求高性能，机载设备比较简单，自动化程度不高，重量轻，使用维护方便，能在野战机场起飞着陆，造价较低。

F-5E 型是以苏联的米格 -21 和苏 -7 为主要作战对象而研制的，特别注意改善它的空战机动性，要求它的中、低空性能接近于米格 -21，同时还具有对地攻击的能力，后来经常在军演中扮演假想敌米格 -21 的角色。

1970 年代，F-5 战斗机成为美国对其盟国进行军火销售的主力机种，由于该机既经历过实战考验，且维护方便，再说 F-5 战斗机价格便宜，买一架 F-4 的价钱可以买 3 架 F-5。使其在问世后的 10 年内，被销售至全球 21 个国家和地区。因此在国际军火交易中形成了法国"幻影"III、苏联米格 -21 和 F-5 三种机型鼎立的局面。

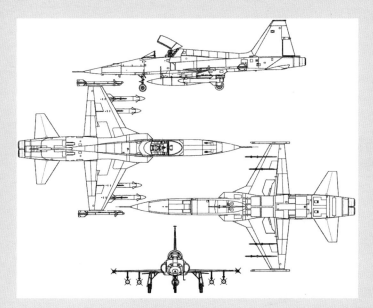

F-5E 战斗机性能数据

翼　展：8.13 米

机　长：14.45 米

机　高：4.06 米

翼面积：17.30 平方米

空　重：4,410 千克

最大起飞重量：11,210 千克

最大速度：1,741 千米 / 小时

最大作战半径：1,060 千米

武　器：20 毫米机炮 2 门

　　　　7 个外挂点可挂载导弹

　　　　（ 激光制导炸弹及常规炸弹 ）

乘　员：1 人

F-5 编队飞行

F-5 空中加油

5

双翅伸展自如的 F-111 "土豚"

F-111 战机

  F-111 "土豚" 战斗轰炸机是一款由美国通用动力公司于 1960 年研发、美国空军与海军联合参与设计的多用途中距离战斗 / 攻击机。当时空军的设计需求是一架能够全天候、以低空高速进行远程攻击的战术轰炸机，而海军的需求则是一架能够长时间滞空的舰队防空用拦截机。但是海军的设计要求没有实现，F-111A 仅被美国空军采用。

  F-111A 采用了双座、双发、上单翼和倒 T 形尾翼的总体布局形式，其最大特点是采用了变后掠机翼，这是该技术首次应用于实用型。飞机 F-111 还拥有诸多当时的创新技术，如后燃器、涡扇发动机和低空地形追踪雷达。它的前瞻设计影响了世界各国的军机设计思路，成为后来战斗机的基本架构。

  本机于 1967 年首飞。在越南战场上，它因超音速低空突袭的引擎怒吼、强大而精准的攻击能力，而被形容为 "死亡之啸"。1998 年，美国空军的 F-111 全部退役，当时仅剩澳大利亚空军仍使用此型战机。2010 年 12 月 3 日，澳洲空军的 F-111 全部退役。

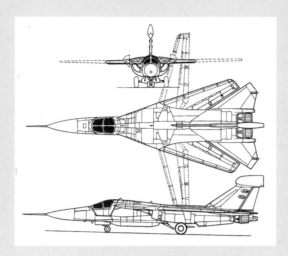

F-111 战斗轰炸机性能数据

翼　展：19.2 米（展开）

　　　　9.75 米（收起）

机　长：22.4 米

机　高：5.22 米

翼面积：61.07 平方米（展开）

　　　　48.77 平方米（收起）

空　重：21,537 千克

最大起飞重量：44,896 千克

最大速度：2,655 千米／小时（2.5 马赫）

战斗半径：2,140 千米

升　限：17,270 米

武　器：挂载 20 毫米 M61 机炮 1 门

各式炸弹和导弹

乘　员：2 人

高速时机翼状态

低速时机翼状态

6

欲与"土豚"一比高下的"击剑手"

苏-24战机

　　苏-24多用途战斗轰炸机，北约代号击剑手（Fencer），是苏联苏霍伊设计局设计的双座双发变后掠翼战机。它除了可以携带传统的导弹等武器外，也可携带小型战术核武器，进行敌方纵深打击。后期苏-24衍生出了E型侦察机和F型电子作战机。它于1967年7月2日首飞，1974年服役。产量估计在1400架以上。据说苏-24战机的设计是冲着美国F-111战机"土豚"而来的，当时美苏两大阵营的军备竞赛是针尖对麦芒，互不相让。

　　苏-24战机被派驻到当时的华约前线东德地区，1984年被派到阿富汗执行作战任务。目前它仍在俄罗斯空军中服役，担任国家战略打击任务。

　　苏-24对于苏联空军具有划时代的意义，它是苏军第一种装备计算机轰炸瞄准系统和地形规避系统的飞机，标志着苏联飞机的火控和航电技术水平已登上一个新台阶。该系统可在各种气象条件下使用，保证飞机在200米低空以1320千米/小时的速度进行低空突防，极大地提高了该机的作战性能。

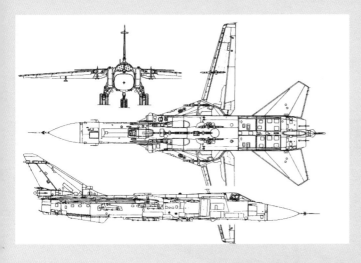

苏 -24 战机性能数据

翼　展：18 米（后掠角 16°）
　　　　10 米（后掠角 70°）
机　长：20 米
机　高：5.5 米
翼面积：50.6~40.6 平方米
空　重：17,000 千克
最大起飞重量：33,000 千克
最大速度：2,310 千米 / 小时（2.17 马赫）
升　限：16,500 米
作战半径：1,200 千米
动　力：Ад-21Ф-3A 涡喷引擎 2 台
武　器：30 毫米机炮多门
　　　　8 个外挂点载荷 7,000 千克
乘　员：2 人

收起机翼节约停放空间

苏 -24 低速飞行

7

"鞭挞者"神秘穿越西欧的惊天内幕

米格 -27 战机

　　米格 -27 是苏联米高扬设计局在米格 -23C 基础上研制的变后掠翼战斗轰炸机。原称米格 -23Б，后改称米格 -27。北约对米格 - 23、米格 -27 共用一个绰号"鞭挞者"。 米格 -27 战机于 1969 年完成设计，1970 年 8 月 20 日首飞，1971 年开始批生产，至 80 年代后期停产时共生产了 1000 多架。米格 -27 采用液压助力机械式操纵系统，座航两侧装有防弹钢板，可以在简易的野战机场起降，可以执行对地攻击和空战两种作战任务。该机曾经出口华约多个国家，印度也于 1980 年代进口了一定数量的米格 -27，并购买了该机的生产许可证。

　　米格 -27 的主要特点是：载弹量较大，携带武器种类较多，对地面攻击火力较强，昼间攻击目标命中率较高，能在简易机场和 1000 米左右的跑道上起降。该机外观上与米格 -23 相似，但是机头取消了大型对空火控雷达，改为对地光电装置，机头变小并下倾，增大背脊面积，重要部位增加了装甲。

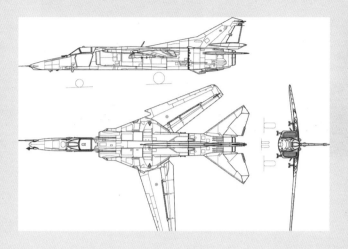

米格 –27 战机性能数据

翼　展：14.25 米 /8.17 米
　　　　（最小 / 最大后掠角）
机　长：17.08 米
机　高：5.99 米
翼面积：34.16/37.27 平方米
空　重：11,908 千克
最大起飞重量：20,100 千克
最大速度：2,080 千米 / 小时（1.7 马赫）
升　限：17,000 米
航　程：1,750 千米
起飞滑跑距离：950 米
着陆滑跑距离：900 米
最大载弹量：4,000 千克
乘　员：1 人

米格 –27 模型照

米格 –23 机头与米格 –27 不相同

两架北约F-15监视越境无飞行员驾驶的华约米格-23

"鞭挞者"坠毁现场

米格-27是米格-23战机的发展型而已,在此我们不妨来说个和米格-23"鞭挞者"有关的故事。

1989年7月的一个早晨,米格-23战斗机在波兰北部城市上空进行飞行训练时,因发动机失灵,飞行员启动了跳伞逃生按钮,被弹出座舱。这架已经无人驾驶的飞机在即将坠海时,却突然昂起机头爬升,继而又向着西南方向飞去。这架米格-23虽然没有了飞行员驾驶,但径直地穿越了波兰、民主德国,然后晕晕乎乎地继续向敌方区域——联邦德国飞去。

在西德境内,米格-23被北约雷达发现,两架美军F-15"鹰"式战斗机紧急起飞,截击入侵的米格-23战机。当他们接近"鞭挞者"时,美国飞行员大吃一惊,原来那是一架没有座舱盖也没有飞行员的飞机!米格-23旁若无人地穿过荷兰领空,进入比利时国境,一直飞行了900多千米!当它进入比利时领空后,飞行速度开始减慢。后来它突然一头向地面栽去,坠毁在比利时首都布鲁塞尔以西80千米的一座小村庄里,造成一名村民死亡。

对于这起令人吃惊的米格-23穿越欧洲的事件,许多人百思不得其解,也引来许多迷信的解释。后来专家反复研究后,终于破解了这个谜团:这起事故是由于飞机加速器的管线突然关闭而使发动机的推力下降,飞机失速而下坠。当飞行员弹射跳伞时,飞机受到震动后线路又被接通了。于是飞机继续飞行,直到燃料用尽。[1]

[1] 最后三小节根据"百度百科"有关文摘改写

不同视角的米格 –27 模型照

8

马岛上空的英舰杀手

"超军旗"战机

　　"超军旗"攻击机是法国达索飞机公司生产的舰载机，是 1960 年代"军旗"IVM 攻击机的改进型，1978 年开始装备法国海军。二战后，一贯主张在武器装备上自主开发的法国，决定研制成系列的喷气战机，力求在航空领域追赶美国和苏联，"超军旗"舰载攻击机则是其中一个成功的案例。

　　"超军旗"战斗机采用 45° 后掠角中单翼设计，翼尖可以折起，机身呈蜂腰状，垂尾面积较大，后掠式平尾置于垂尾中部。机上装有 ETNA 惯性导航与攻击系统，"阿加芙"雷达、97 型航行指示器、66 型大气数据计算机、三轴姿态指示器、微型塔康、敌我识别器、甚高频全向信标机和平视显示器等，对水面舰船搜索距离 110 千米。

　　在上世纪 80 年代的英阿"马岛"战争中。阿根廷飞行员们驾驶"超军旗"攻击机，用飞鱼反舰导弹击沉英国"谢菲尔德"号驱逐舰和"大西洋运输者"号运输舰，击伤"格拉摩根"号驱逐舰，从而震惊世界。法国制造的"超军旗"战斗机和"飞鱼"反舰导弹一举成名。

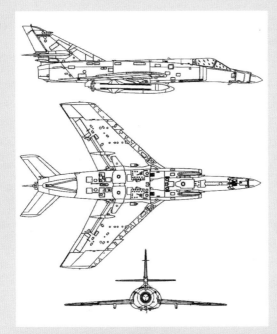

"超军旗"战斗机性能数据

翼　展：9.6 米

机　长：14.31 米

机　高：3.85 米

翼面积：29 平方米

空　重：6,460 千克

最大起飞重量：11,500 千克

动　力：亚塔 8K–50 涡喷引擎 1 台

最大速度：1,180 千米 / 小时

航　程：3,400 千米

升　限：13,700 米

武　器：德法 552 机炮 2 门

　　　　4 个挂架炸弹

　　　　或飞鱼反舰导弹等

乘员：1 人

不同视角的"超军旗"模型照

第7章 当代豪杰　气冲霄汉

这一章是本书的重点，因为下面介绍的大多数战机是目前世界各大国服役中的第四代主力战机。第四代战斗机指的是在1970年代陆续开始服役的、吸收了第三代战斗机设计与使用上的经验，验证了历次空中冲突与演习显示出来的问题和需求，创新研制的新型战机，成为冷战结束前后的主要角色。俄罗斯把它们称为第四代战斗机，美国则称这类战机为"第三代战机"。自2009年后，西方也开始使用战机的五代分类法，虽然在前三代战机上，俄罗斯和西方还有不尽相同的看法，但双方对第四、第五代战机的分类基本趋同。

美国四代机

俄罗斯四代机

国际上第四代战斗机的代表型号有美国的F-14、F-15、F-16、F-18，苏联的米格-29、苏-27，法国的"幻影"2000、"阵风"、欧洲（英、德、意和西班牙四国合作）的"台风"、瑞典的JAS-39、中国的歼-10等等。

第四代战斗机放弃对高速，高翼负荷的设计追求，转而注重飞机在不同高度与速度下的运动性，其中美国空军约翰·柏伊德上校提出的能量运动理论（Energy Maneuverability Theory, EM）对第四代许多飞机设计的影响尤深。这些飞机采用了边条翼和前后缘机动襟翼

中国（右前）和欧洲四代机

大推力涡扇发动机

新型雷达

玻璃化座舱

气泡型座舱

等先进的空气动力布置；携带中距和近距格斗导弹、速射航炮；并装有第三代雷达和全方向、全高度、全天候火控系统。

碳纤维复合材料、玻璃纤维增强塑料等新型材料的使用，减轻了飞机的自重。大推力涡轮扇发动机开始广泛运用于第四代战斗机上，取代过去的涡喷发动机。新型发动机推力大幅提升，同时燃料消耗明显下降。使得小机型也有长航程，像F–16A使用内载燃料的航程比F–15A还要长。第四代的轻型战斗机在只携带部分燃料以及两枚导弹的情况下，多数可以达到推力大于重量的状态，"推重比大于一"成了衡量战机性能优劣的主要判断。

第四代开始引入线传飞控与静不稳定的设计概念搭配，完全颠覆过去的气动设计方式和飞行控制机构。静不稳定的理论早已存在，可是传统的控制系统无法以每秒数十次以上的频率不断改变翼面的角度，维持稳定飞行。直到电脑软件控制系统成熟之后，静不稳定设计能够更充分运用机身产生的升力，提升运动性等优点才得以显现。第一架采用电传操纵是美国的F–16战机，而后许多国家纷纷效仿。

电脑技术的成熟与超高速芯片的量产，使战机的航电设备效能大幅提高。过去使用和显示非常复杂的雷达纷纷升级换代。过去座舱里令人眼花撩乱的仪表板被大小不同的方型液晶显示屏（HUD）取代，成为玻璃化座舱。液晶显示屏（一般来说都是 3 ~ 5 块）和光电头盔显示器构成的综合光电系统，以多样化的图形和文字显示更多的飞机和敌情资讯，并整合不同来源的讯息，缩短了飞行员获取即时最重要信息的反应时间，增大了战斗效率。

以往三代机的座舱罩的外型设计往往为了与机身融合而牺牲飞行员的视野，而四代机多采用气泡型舱罩或者是接近气泡型的设计，让飞行员能够更清晰的掌握周边的状况。

在五代机尚未大量入役之前，生成了一个四代半战机的概念。这一代战机主要使第四代机的技术性能的发挥至最大化，作为第五代战机全面服役前的过渡机种。虽说是过渡机种，但是其性价比往往高于第五代战机。这一代战机以俄罗斯苏霍伊的"侧卫"家族最有名，衍生发展出了很多新型号。西方也推出了许多改良型的四代半战机，如美国的 F-15E、F/A-18E/F"超级大黄蜂"战机、日本的 F-2 战斗机、俄罗斯的米格 -35 战斗机、苏 -35 战斗机、欧洲的台风战斗机、法国的阵风战斗机、瑞典的 JAS-39 战斗机、中国的歼 -10B、歼 -16 等等。

苏 -37

米格 -31

F-15

F-14

米格 -29

F-18

欧洲 "台风"

幻影 2000

歼 -10

F-16

1

独树一帜的法国幻影 2000

幻影 2000 战机

　　法国幻影 2000 战斗机是法国达索公司在 1970 年代为法国空军设计的单发轻型三角翼多用途战斗机。幻影 2000 由法国自主设计，是法国第一款第四代战斗机，也是第四代战斗机中唯一不带前翼的三角翼飞机。法国在战斗机研制方面独树一帜的做法体现在整个幻影系列飞机的形成和发展之中。

　　法国达索公司一方面在研制日益复杂的重型战斗机，一方面预见到市场对轻型战斗机的需求。从 70 年代开始，达索公司就在研究轻型战斗机的方案。幻影 2000 改良自幻影Ⅲ型战斗机，以发挥幻影Ⅲ型的三角翼超音速阻力小、结构重量轻、刚性好、大迎角时的抖振小、机翼截荷低、内部空间大，以及贮油多的优点。主要改良措施为采用了电传操纵、融入静不稳定设计、使用复合材料等先进技术，弥补了幻影Ⅲ的局限。

　　幻影 2000 除了装备法国空军还外销 8 个国家，地区，总建造数量 600 余

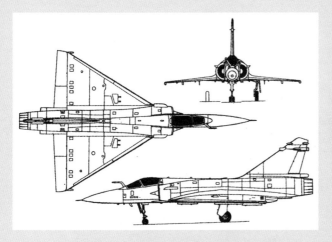

幻影 2000 战斗机性能数据

翼　展：9.13 米

机　长：14.36 米

机　高：5.20 米

翼面积：41 平方米

空　重：7,500 千克

最大起飞重量：17,000 千克

动　力：M53-P2 涡扇引擎 1 台

最大速度：2,530 千米 / 小时（2.2 马赫）

航　程：1,550 千米（加挂油箱）

升　限：17,060 米

武　器：30 毫米机炮 2 门

　　　　火箭弹 / 导弹 / 炸弹

乘　员：1 人

架。基本型是空中优势战斗机 2000C 型。1980 年代发展了 2000B 双座教练型和 2000N 对地攻击型，1990 年代研制了空战能力明显提高的 2000-5 型，其改型达 20 余种。

不同视角的幻影 2000 模型照

2

在欧陆上空狂飙的 "台风"

"台风" 战机

　　欧洲 "台风"（Eurofighter Typhoon）战斗机，曾命名为 EF-2000，是一款由欧洲战机公司（英、德、意和西班牙四国合作）设计的双发、三角翼、鸭式布局、高机动性的多用途四代半战斗机。欧洲 "台风" 战斗机、法国达索 "阵风" 战斗机、瑞典萨博 JAS-39 战斗机因为其优异的性能表现，并称为 "欧洲三雄"。

　　"台风" 战斗机采用了鸭式三角翼无尾式布局，矩形进气口位于机身下。这一布局使得其具有优秀的机动性，但是隐身能力则相应被削弱。操纵系统为全权 4 余度主动控制数字式电传系统，具有任务自动配置能力。它广泛采用碳纤维复合材料、玻璃纤维增强塑料、铝锂合金、钛合金和铝合金等材料制造，复合材料占全机比例约 40%；采用一些隐形技术，包括低雷达横截面和被动传感器。前置鸭式三角翼构成空气动力学不稳定设计提供高度的敏捷性（特别在超音速）、低空气阻力和可提高升力，机翼使用无缝隙襟翼。飞行员通过每秒自动控制 40 次的飞行控制计算机和全权 4 余度主动控制数字式电传系统来提供良好的飞行操控。它在不使用矢量发动机的情况下就具有优异的超机动性能，也具有高速、高过载的空中格斗能力。

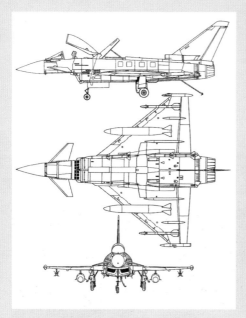

"台风"战斗机性能数据

翼　展：10.95 米

机　长：15.96 米

机　高：5.28 米

翼面积：50 平方米

空　重：11,000 千克

最大起飞重量：23,500 千克

发动机：涡轮扇引擎 2 台

最大速度：2,390 千米 / 小时

升　限：18,000 米

武　器：27 毫米机炮 1 门
　　　　挂载导弹 / 炸弹
　　　　13 个外挂点

乘　员：1~2 名

不同视角的"台风"战机模型照

3

堪与"黑鸟"抗衡的苏俄"捕狐犬"

米格-31 战机

上个世纪，拥有"双三"（速度 3 马赫，升限 30000 米）战机的，只有当时的美苏两家，美国的 SR-71 侦察机和苏联的米格-31 截击机。

针对美国开展的第四代机计划，苏联于 1983 年提出了一个庞大的、极具针对性的截击防空战机发展计划。米格-31 被规划为主力战机。该机是全世界起飞重量最大、飞行速度最快的作战机型，具备超音速巡航能力，最大续航时间 3.6 小时。

米格-31 是苏联米高扬设计局设计的串列双座全天候重型截击战斗机，由米格-25 发展而成，北约集团给予的绰号是"捕狐犬"（Foxhound）。1976 年以前开始研制，1983 年入役。该机气动外形与米格-25 很相近，采用上单翼、双立尾、两侧进气布局。米格-31 其实比米格-25 有很大的改进。在结构上，米格-31 的钛用量从米格-25 的 8% 增加到 16%，铝从 12% 增加到 33%。发动机从两台涡喷发动机换成两台加力推力达 14886 千克的涡扇发动机，这是当时世界上推力最大的战斗机发动机。从推重比和气动外形来说，米格-31 应该可

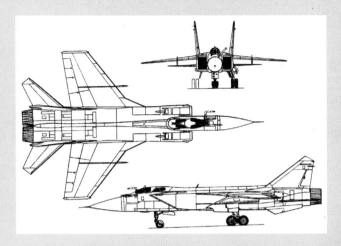

米格 -31 战机性能数据

翼　展：13.46 米

机　长：22.69 米

机　高：6.15 米

翼面积：61.6 平方米

动　力：D-306 加力式涡扇引擎 2 台

　　　　每台最大推力 14600 千克

最大飞行速度：3,000 千米 / 小时

　　　　（2.83 马赫）

空　重：21,800 千克

最大起飞重量：46,200 千克

升　限：28,000 米

武　器：8 个外挂点

乘　员：2 人

米格 -31 的挂载

以达到 3 倍音速的，但受限于发动机和机体的耐热能力，所以其最大速度限制在 2.8 马赫。主要改进型包括米格 -31B、米格 -31BM、米格 -31M 等，至今仍是俄罗斯空军主力战机之一。

那么世界上的这两架"双三"战机，如果冤家路狭战场相逢，究竟谁能略胜一筹呢？

有网友认为，米格 -31 和 SR-71 相比，虽然升限够了，但是速度还是差一截，SR-71 的最快平飞速度可以到 3 马赫以上，米格 -31 要开足加力才能达到 2.8 马赫，而且维持时间只有几分钟，一般追不上 SR-71。如果非要说能拦截 SR-71 飞机，也只能是计算相当准确的情况下，在高空可能出现一次双机交汇的攻击机会。不过，只要米格 -31 一开火，

硕大的米格-31

SR-71(后)和米格-31

双垂直尾翼

动力强劲的双发动机

速度马上就掉一大截,没有第二次开火的可能。客观地讲,这两种飞机都还未达到大规模量产的阶段。是在冷战时期,双方通过炫耀武力震慑对方,硬赶鸭子上架的产物而已。有报道称,俄罗斯因为在近期难以大量购买苏-35与T50等新型战机,宣布将加快米格-31升级换代的现代化改造步伐。

不同视角的米格 –31 模型照

4

奇特的三翼面超机动战机

苏-37 战机性能数据

翼　展：12.8 米

机　长：21.94 米

机　高：6.84 米

机翼面积：50 平方米

空　重：18,500 千克

最大起飞重量：35,000 千克

动　力：AL-37FU 引擎 2 台

升　限：17,999.964 米

最大速度：2,203 千米 / 小时 (1.8 马赫)

武　器：30 毫米机炮 1 门

　　　　12 ～ 14 个外挂点

乘　员：1 人

苏-37 战机

苏-37 战机是俄罗斯苏霍伊公司研制的多用途全天候超机动性战斗机。苏-37 是在苏-27"侧卫"战机基础上，为俄罗斯空军研制一系列第四代战斗机和第五代多功能战斗机过程中的重要技术验证机，西方称之为"侧卫" E2 型，是一种具有矢量推进器的超机动战斗机。

苏-37 验证机（内部编号 T10M-11）装有两台留里卡设计局的带推力矢量控制（TVC）的 AL-31FU 加力式涡扇发动机，是苏-35 的机动增强发展型。和苏-35 战机一样，除了其三翼面设计带来绝佳的气动性能外，它还拥有全新航电设备，提升了自动化、计算机化、人性化和指挥管理（C3I）能力。Su-37 在机尾处安的后视雷达，使得飞机具有向后发射导弹的能力。它有 12 个外挂点，可携带满足不同作战任务的导弹和武器。在使用多挂点挂架时，导弹、炸弹的数量可以增至 14 枚。

苏-37 在 1996 年 4 月首飞，但是仅仅制造了几架原型机，并未投入量产。苏-35 和苏-37 能从涂装上区别出来， 苏-35 是深浅的蓝色调，而苏-37 是 黄相间的暖色调。

我们知道苏霍伊的"侧卫"家族成员济济一堂，亚型甚多。单单我国就自行

奇特的三翼面气动设计

发展了一个系列。

　　回过头来，我们讲讲苏–27 战机的故事。由于苏联执行严格的军机保密制度，在 1989 年 6 月的巴黎国际航展上，苏–27 战机的秘密才被彻底揭开。苏联派两架苏–27 飞机参加了航展，单座机由普加乔夫驾驶，双座机由弗罗洛夫驾驶。普加乔夫驾驶飞机完成了一组高难度的复杂特技，给在场观众留下了深刻印象。其中后来被命名为"普加乔夫眼镜蛇"的动作最为神奇。水平飞行的飞机突然急剧抬头，但不上升高度，而是继续前飞，迎角增大——90 度、100 度、110 度、120 度，飞机"尾部朝前"飞行，飞行速度瞬时减小到 150 千米 / 小时！然后飞机改平，恢复原状。路透社的评论道："苏美两国战斗机在争夺优势的战斗中，苏联人取得了胜利。航空专家认为，苏联人建造出了绝妙的飞机。"从此，苏–27 成为世界各地航展的"明星"，它飞到哪里，哪里就会引起轰动。

5

撬动空中力量均势的 "支点"

米格 -29 战机

米格 -29 战斗机，是苏联米格设计局（现俄罗斯联合飞机制造集团）研制生产的轻中型双发前线空中优势战斗机，北约代号：支点（Fulcrum）。

米格 -29 原型机于 1977 年 10 月 6 日首飞，1982 年米格 -29 在莫斯科和高尔基飞机制造厂投入批量生产，1983 年开始装备部队。在设计上，米格 -29 将升力型机身和大型机翼以整体空气动力学形式融合，两个低于轴心的发动机配备有可调进气口，能承受持续 9G 的机体结构，多模式脉冲多普勒雷达，全面的火控和电子战系统，武器为机炮外加不少于 6 枚的空 - 空导弹。

米格 -29 后来的改型达 20 余种，包括教练机（米格 -29UB "支点 -B"）、战斗轰炸机（米格 -29M "支点 -E"）、海军舰载机（米格 -29K "支点 -D"）等。除苏联外，超过 30 多个国家使用米格 -29，总生产数量 1600 余架，成为了一款出色的多用途战斗机。

和苏 -27 一样，米格 -29 的历史始于 1969 年，苏联获知美国空军正在计划研制新一代战斗机。对此，苏联军方发出 "先进战术战斗机" 的招标案，其

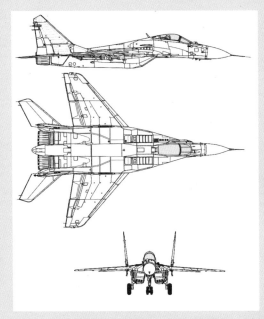

米格 -29 基本型性能数据

翼　展：11.36 米

机　长：17.32 米

机　高：4.73 米

动　力：RD-33 涡扇引擎 2 台

空　重：8,175 千克

最大起飞重量：18,000 千克

最大速度：2,400 千米 / 小时

　　　　　（2.25 马赫）

升　限：18,000 米

武　器：30 毫米 GSh 机炮 1 门

　　　　7 个挂载点

最大载弹量：4,000 千克

乘　员：1 人

米格 -29 模型照

中各项性能要求相当高，包括高航程、优异的短场起降能力（包含使用简易机场的能力）、高敏捷性、超过 2 马赫的速度和重格斗能力。新飞机的空气动力设计交由苏联空气动力研究所（TsAGI）负责，成果由米格与苏霍伊飞机公司共同分享。为了节约开支，军方提出了轻 - 重搭配的组合。其中，重型战斗机就是后来的苏 -27 战斗机，轻型战斗机就是米格 -29 战斗机。

　　米格 -29 的头盔瞄准具是整个火控系统中最有特色的部分。配合上 R-73 近距格斗空空导弹，米格 -29 能在近距格斗中占据有利地位。R-73

不同视角的米格—29 模型照

是一种具有全向攻击能力的新型格斗导弹，尾喷口的四周装有 4 片舵面，实现了矢量推力控制，主动段的最大机动过载可达 60G。该弹与头盔瞄准具交联，最大离轴角达正负 60 度，可对偏离飞机纵轴正负 60 度的目标实施有效攻击。但由于米格 -29 本身的机械式操纵系统、人－机工程设计上的缺陷，使得头盔瞄准具与 R-73 都无法发挥最大效能，实战能力要大打折扣。座舱的设计使得飞行员实际视野无法达到正负 60 度。但是机头方向斜向下的视野很好，对飞行员攻击地面目标时非常有利。

至此，"百年飞行联队" 里的米格战机已经率数亮相，一共有 7 架，它们依次是米格－ 3、15、19、21、27、29、31 型战机，这些我都已经介绍过了。除去某些气动外形相近的亚型和修改发展型以外，在米格家族里唯一缺席的是米格 -9，好在它是一个服役时间很短的过渡机型。从螺旋桨战机时代一直到目前的第四代战机，这 7 架战机多少涵盖了米格

中国空军曾经的三款主力战机模型照

米格家族的主要战机

设计局约半个世纪以来战机设计的大部分。在上个世纪，米格机是苏联战机的一个符号。我一直是米格机的粉丝，1950年代开始，米格机一直是中国空军上世纪的主力机型，一如咱们的歼-5（米格-15比斯的发展型米格-17）、歼-6（米格-19）、歼-7（米格-21）战机，为保卫中国的领空安全更是功不可没。让我们为米格家族再次热烈鼓掌！

6

在航母上行走了 32 年的"雄猫"

F-14 战机

　　F-14"雄猫"（Tomcat）可变翼舰载战斗机，是根据美国海军 1970 年代至 80 年代舰队防空和护航的要求，由格鲁曼公司（现诺斯罗普－格鲁曼公司）研制的双座超音速多用途重型战斗机，采用可变后掠翼构型，用来替换已经老旧的 F-4 舰载战斗机。它主要执行舰队防御、截击、打击和侦察等任务。首架 F-14 A（最初的生产型）于 1970 年试飞，1974 年正式服役。F-14 在服役后期曾追加低空导航暨夜间红外线标定莱舱，具备基本的精确对地攻击能力，是四代机中早期的代表机型。

　　"雄猫"是 F-14 战机英文绰号"Tomcat"的意译。格鲁曼公司设计的作战飞机，大多都是以"猫科动物"来命名，如：FM2-Wildcat（野猫）、F6F-Hellcat（地狱猫）、F8F-Bearcat（熊猫）、F7F-Tigercat（虎猫），而 F-14-Tomcat（雄猫）的称呼来自支持"雄猫"战机项目的两个将军。在 F-14 的早期发展中，美国海军的两位将军托马斯·摩尔海军上将和托马斯·康纳利海军中将是该计划的坚定支持者，深信 F-14 战机将会成为美国海军最需要的战斗机。命名该

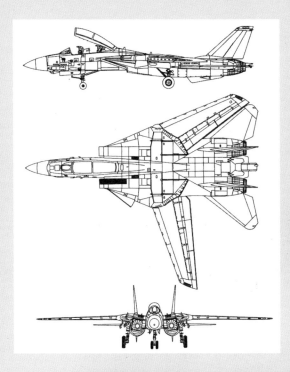

F-14"雄猫"舰载机性能数据

翼　展：11.65 米收折 / 19.54 米展开

机　长：19.1 米

机　高：4.88 米

翼面积：54.5 平方米

空　重：19,838 千克

最大起飞重量：33,720 千克

发动机：F110-GE-400 2 台

最大速度：2,485 千米 / 小时

最大航程：2,960 千米

最大升限：15,240 米

武　器：20 毫米机炮
　　　　导弹、炸弹、集束炸弹、
　　　　战术空中侦察荚舱系统等

乘　员：2 人

F-14 模型照

战机绰号时，格鲁曼公司便从两位将军的名字"托马斯"中提取"Tom"，加上格鲁曼传统的猫科动物"cat"构成"Tom's cat"作为新机的绰号，意思就是"托马斯将军的猫"。之后，格鲁曼公司索性把新机取名为"Tomcat"，而"Tom"一词在英语中常用来表示雄性，"Tomcat"又有了一个响亮的中文译名"雄猫"。

　　1988 年，该机在雷达、航空电子设备和导弹挂载能力等方面经过了

"雄猫"雄姿

进一步升级，并换装了 F110 发动机，于 1988 年交付使用。定名为 F-14D
"超级雄猫"。F-14/TARPS 侦察型，可执行战术空中侦察任务，不挂
侦察吊舱系统时亦可携带大量武器执行任务。

1981 年 8 月 19 日，两架美国 F-14 战斗机与两架利比亚苏 -22 战斗
机在地中海南海发生冲突。苏 -22 先以"环礁"导弹直袭 F-14，但未击中。
F-14 发射两枚"响尾蛇"导弹反击，两架苏 -22 当即凌空爆炸。

F-14 在美国海军服役了 32 年，它和 F-18 是航母上轻重两型战机的
标准配置。2006 年 7 月 28 日，F-14"雄猫"舰载战斗机在"罗斯福"
号航母上完成了最后一次弹射起飞和阻拦降落，于当年 9 月 22 日正式退
役。F-14"雄猫"战斗机退役后，其位置被 F/A-18E/F"超级大黄蜂"
战斗攻击机所取代。

这次的模型制作，我用的是"长谷川"板件，板件的质量很好，但
是需要另外购买武器零件。我决定自制一部分，以求制作的乐趣。

不同视角的 F-14 模型照

7

剩半片机身还能飞的 F-15

F-15 战机

F-15"鹰"式战斗机是一款由麦克唐纳·道格拉斯公司研制的全天候高机动性战斗机,是美国空军现役的主力制空战斗机之一。F-15 是 1962 年军方 F-X计划的成果。1988 年推出了 F-15E"打击鹰"战斗轰炸机,这是一款非常成功的全天候攻击型战机。F-15 已经出口到日本、以色列、韩国、新加坡、沙特等国。美军拥有约 700 架 F-15 战斗机。F-15 的低翼负荷(重量对翼面积之比值)与高推重比,使它能够在高速中保持高机动。火控和飞控系统的高效,使它只需要一名飞行员就能安全而有效地进行空战。

1983 年 5 月 1 日,F-15"鹰"爆出了一条令世界惊叹的新闻。以色列空军的一次缠斗训练中,一架 F-15D 与一架 A-4 攻击机发生碰撞。F-15D 的右翼几乎整个撕裂掉落,只剩最内侧的 60 厘米。飞行员没有听从教官弹射的指令,

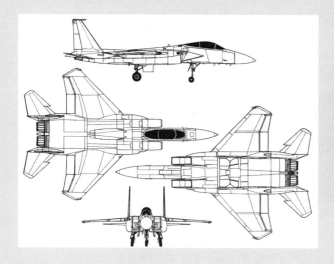

F-15（C/D）"鹰"式战机性能数据

翼　展：13.03 米

机　长：19.43 米

机　高：5.68 米

翼面积：56.5 平方米

空　重：12,973 千克

最大起飞重量：30,800 千克

动　力：F100-PW220/220E 型
　　　　　带加力涡扇引擎 2 台

最大速度：3,000 千米 / 小时（2.5 马赫）

最大作战半径：1,852 千米

武　器：20 毫米机炮 1 门
　　　　　11 个挂载点
　　　　　负荷 7,300 千克

乘　员：1 人（A/C 型）~2 人（B/D 型）

驾驶被重创的飞机成功地返回机场。事后调查认为能够成功迫降的原因是，机尾巨大的水平面积、引擎进气道与机身提供的额外升力拯救了飞机。两个月后这架飞机完成修复，回到任务行列。

　　1982 年黎巴嫩战争，以色列空军击落许多叙利亚的俄制米格 -21、米格 -23 和少量的米格 -25，其中一部分是 F-15 的战绩。但俄罗斯人也声称叙利亚的米格 -21 比斯也于 1982 年 8 月 6 日用一枚 AA-8 空对空导弹击落了一架以色列的 F-15A，但以色列声称那架 F-15 带伤飞回了基地并得到了修复。同时也有俄罗斯资料指出 1983 年 10 月 3 架以色列空军的 F-15 被叙利亚空军的米格 -23ML 击落。

　　1984 年，沙特空军的 F-15 在与伊朗的小规模冲突中击落二架伊朗的 F-4，海湾战争中击落两架伊拉克的幻影 F1 战机。

　　在 1991 年海湾战争中，120 架 F-15C/D 型飞机出动 5900 架次，48 架 F-15E 型飞机出动 2,200 架次，共击落伊拉克各型飞机 36 架

被重创的 F-15 返回机场

强悍的 F-15

（一说 33 架），而自己却没有一架在空中受损。在这场战争中，F-15
的对地攻击任务与空优任务的比重相当。

　　1999 年科索沃战争中，美军 F-15C 使用 AIM-120B 共击落 4 架南斯
拉夫米格 -29。

　　2001 年两架以色列空军 F-15C 击落两架叙利亚空军米格 -29。美国
宣称直到 2000 年为止，F-15 在空战中已经创造了 104 ： 0 的记录。

以色列空军涂装的 F-15

不同视角的 F-15 模型照

8

轻巧灵活的"战隼"满天飞

F-16 战机

F-16"战隼"（Fighting Falcon）是美国制造的多功能战斗机。原先设计为一款轻型战斗机，与美国空军的主力战机 F-15 形成高低搭配，后来在不断的改型中演化为多用途战机。

F-16 战机是由通用动力公司研制，量产型于 1979 年 1 月入役。前后有 A、B、C、D、E、I、N、R、XL、ADF 和 AFTI/F-16、F-16/J79、NF-16D 等 13 种型种。F-16 的优异性能是其在外销市场非常成功的原因，现在服役于 24 个国家空军。它是现役西方战斗机当中产量最大的机种，已经制造超过 4500 架。

据悉，战隼的原始设计意图是吸取越战的经验，强调视距内的缠斗能力，具有安装在中部的后掠翼、气泡式座舱、机鼻下进气口、腹部整流片等设计特征。许多创新的设计第一次集中在这架飞机上：侧置操纵杆、倾斜座椅以及线传飞控系统。也是美国第一种有能力进行 9G（88 米 / 秒）过载机动的战斗机。

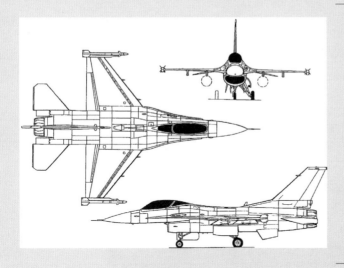

F-16 战机性能数据

翼　展：9.45 米

机　长：15.02 米

机　高：5.09 米

翼面积：27.87 平方米

空　重：8,272 千克

最大起飞重量：19,187 千克

动　力：通用电气涡扇引擎 1 台

最大速度：2,173 千米 / 小时（2.0 马赫）

作战半径：900 千米

升　限：15,240 米

武　器：20 毫米机炮 1 门

　　　　11 个外挂点挂载

　　　　火箭 / 导弹 / 炸弹

乘　员：1 人 (A/C/E) ~ 2 人 (B/D/F)

不同视角的 F-16 模型照

9

从"黄蜂"到"超级大黄蜂"

F/A-18 战机

F/A-18"黄蜂"式舰载机是美国海军发展的一种专门用于航空母舰起降的对空 / 对地全天候多功能舰载机。对于空间紧凑的航空母舰而言，F/A-18 这种多用途机种和 F-14 重型战斗机组成了非常优秀的"轻 - 重"搭配。它是目前美国海军最重要的舰载机种。

F -18 最新改型的单座 F/A-18E 和双座 F/A-18F，绰号"超级大黄蜂"。"超级大黄蜂"延续了 F/A-18 的初始设计概念，但这两款机型被完全重新设计更新，机身扩大了约 30%，并换装新的 F414 发动机。在 F-14 退役以后，"超级大黄蜂"顶替了"雄猫"的空缺。在第五代战机大量服役以前，"黄蜂"和"超级大黄蜂"成了美军舰载机的"轻 - 重"标配，两种机型有很多通用零件，据说可节

F/A-18"黄蜂"式舰载机

翼　展：11.43 米

机　长：17.1 米

机　高：4.7 米

空　重：11,200 千克

最大起飞重量：23,400 千克

动　力：F404-GE-402 涡扇引擎 2 台

最大速度：1,814 千米 / 小时

最大航程：3,330 千米

武　器：M61A1/A2 机炮 1 门
　　　　导弹 / 炸弹

乘　员：1 ~ 2 人

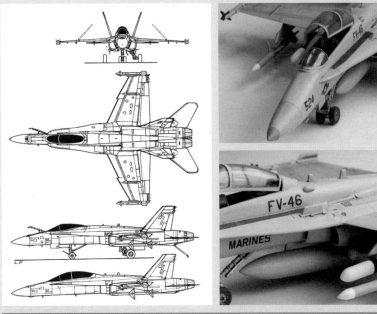

不同视角的 F/A-18 模型照

约很多后勤费用。

　　"超级大黄蜂"的雷达反射面积比"黄蜂"减少约 10%，足够让敌机锁定的有效距离缩短。武器挂载点的数量也较以往增加，可外挂多达 5 个副油箱，除了扩大作战半径外，甚至还能执行空中加油任务。"超级大黄蜂"真是个用途宽泛的多面手啊！我做的板件可还是 F/A-18 型哦。

10

中国的"猛龙"如疾风来袭

歼 -10 战机

　　歼 -10"猛龙"战斗机，是中国中航工业集团成都飞机工业公司从 20 世纪 80 年代末开始自主研制的单座单发第四代战斗机。该机采用大推力涡扇发动机和鸭式气动布局，是中型、多功能、超音速、全天候空优战斗机，并先后衍生出歼 -10A、歼 -10S 及歼 -10B 等型号。歼 -10 战斗机于 1998 年 3 月 23 日首飞，2004 年定型服役。歼 -10 型号在 2006 年底公诸于世，在后续改型中，歼 -10 已经可以挂载激光制导弹药，加强了对地攻击能力，成为一款功能强悍的多用途战斗机。

　　歼 -10 是中国航空工业历经多次战机项目失败后，首次研制成功的、能满足中国空军需求的制空型战机。我国在 1980 年代就具备了研制新型歼击机的底气和能力。西方出于在当时抗衡苏联的需要，曾给予中国大量技术援助，其中传闻以色列将自己的 Lavi 狮式战斗机的设计资料提供给中国，后中国空军原装备部部长魏钢少将澄清：歼 -10 是我们自主创新的。歼 -10 的前身——歼 -9 设计方案，早于中国和以色列正式建立外交关系的时间点。可以说歼 -10 是在

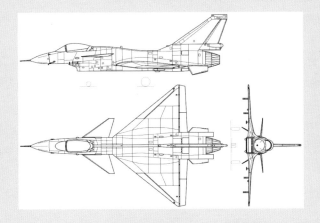

歼－10 战斗机性能数据

翼　展：9.75 米

机　长：16.43 米

机　高：5.43 米

翼面积：33.1 平方米

空　重：9,750 千克

最大起飞重量：19,277 千克

动　力：AL－31FN（俄）

　　　　WS－10A/B（中）

最大速度：2.2 马赫

最大升限：18,000 米

作战半径：1,250 千米

最大航程：3,500 千米，

升　限：17,000 米

武　器：23mm 双管机炮 1 门

　　　　90mm 对地火箭弹舱

　　　　/ 空 - 空、空 - 地导弹

　　　　/ 激光导引炸弹 / 滑翔炸弹

　　　　/ 反跑道炸弹 / 传统炸弹

乘　员：1 ~ 2 人

歼－10 模型照

之前对新型歼击机歼－9 的研制工作基础上，辅以外国技术的帮助，成都飞机工业公司研制的歼－10 战斗机获得了最终成功。

其实我的飞机模型制作就是缘于咱们成功研制歼－10 战机的消息见诸于报端之后，在军迷一致的亢奋之中。制作第一个歼－10 战机模型，制作水平就在于把它拼装了起来，然后上了油漆而已，菜鸟之作博诸位一笑。

歼-10战机有了几个改型，比较主要的是歼-10B。它是一款深度改进型，配备了无附面层隔道进气道（蚌式进气道），这样就去掉了进气口上的所有移动部件，能减轻机体全重和减少雷达的反射面积。雷达罩被更改为扁锥型，驾驶舱前方安装了光电瞄准系统，垂直尾翼和襟翼亦相应地加大，垂尾切尖、腹鳍切尖，进一步优化气动布局。

歼-10S是双座型号，前机身拉长以加入后座，两名飞行员纵列坐于一个座舱罩内。机背也加大隆起以放入更多航电设备，除用作教练外，还保留了作战功能。J-10S可以成为加强对地攻击型，后座飞行员可以担任武器操作员。我的第一个歼-10模型送给了友人，后来我又做了一个歼-10S型。歼-10战机可是我的"百年飞行联队"中的宝贝疙瘩啊。它是中国空军的主力战机经历了米格时代后，进入自主研发战机时代的里程碑式的代表作。

歼-10B

歼-10S

中国空军的部分主力机型

不同视角的歼–10S 模型照

11

法国人单打独斗倾力造"阵风"

"阵风"战机

　　法国"阵风"战斗机，是法国达索飞机制造公司设计制造的双发、三角翼、高机动性、多用途第四代半战斗机。当意大利、西班牙、德国、英国四国决定共同研发欧洲共同战斗机（EF2000"台风"战机）时，法国曾考虑加入。法国倾向设计出约9吨的战机，但其他国家倾向大于10吨的构型。法国最后在1985年决定退出，单独研制新型战机。1985年末，法国达索公司向法国军方展示了一款"阵风"A型技术展示原型。1986年7月4日，"阵风"原型机首飞。当时为"阵风"配套的斯纳克玛M88发动机还没有完全试制成功，因此试飞时安装了美国F/A-18"黄蜂"战机上使用的美国通用电气公司F404-GE-400涡扇发动机。原型机的性能给法国国防部留下了很好的印象，法国国防部在1988年决定采购"阵风"战斗机。

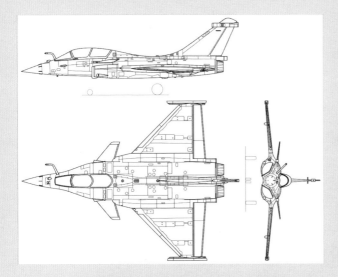

法国"阵风"战机性能数据

翼　展：10.80 米

机　长：15.27 米

机　高：5.34 米

翼面积：45.7 平方米

空　重：9,500 千克（C 型）

最大起飞重量：24,500 千克（C/D）型）

动　力：SNECMA M88-2
　　　　　涡扇引擎 2 台

最大速度：2,390 千米 / 小时

作战半径：1,100 千米

升　限：16,800 米

武　器：30 毫米 GIAT 机炮 1 门

挂　架：13 ～ 14 个

乘　员：1~2 名

"阵风"和"戴高乐"号航母

　　"阵风"是一款功能全面、性能指标较均衡的中型战斗机，既能空中格斗，又能对地攻击，还能作为航母舰载机，甚至可以投掷核弹（F3型）。从目前看来，能胜任"全能通用型战斗机"称号的，只有法国"阵风"和美国 F/A-18E/F 这两款战机。

12

斯堪地纳维亚天穹中的"鹰狮"

JAS-39 战机

JAS-39 "鹰狮"战机是以瑞典萨博公司（SAAB）为主开发的，用以取代Saab-37 战斗机的升级产品，JAS-39 具有多功能、高适应性特点，属于第四代战斗机。JAS-39 战斗机的"JAS"为瑞典语中的"Jakt"（对空战斗）、"Attack"（对地攻击）、"Spaning"（侦察）的首字母缩略词，由此可见 JAS-39 战斗机是集战斗、攻击、侦察任务于一身的多功能战斗机。JAS-39 由鸭翼（前翼）和三角翼 合而成近距耦合鸭式布局，继承了 Saab-37 "维京"战斗机的气动形式。它能在所有高度实现超音速飞行，并能短距起降。JAS-39 具有续航距离适中、零件更换和维修容易、高性价比的品质，使其成为当今世界最具关注度、最畅销的轻型战斗机。

JAS-39 首飞于 1988 年，现已服役于瑞典、捷克、匈牙利、南非、泰国等国空军。芬兰、克罗地亚等国都有购买"鹰狮"的意向，另外荷兰也考虑将"鹰狮"作为 F-35 出现问题时的替补选项。

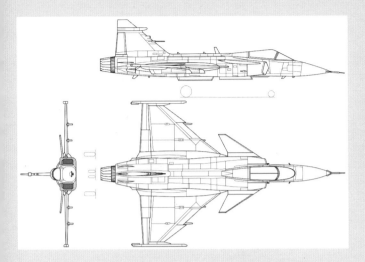

JAS 39 战斗机性能数据

翼　展：8.6 米

机　长：15.2 米

机　高：4.5 米

翼面积：25.54 平方米

空　重：7,000 千克

最大起飞重量：16,500 千克

动　力：F414G 涡扇引擎 1 台

最大速度：2 马赫

超音速巡航能力：具备

航　程：4,000 千米

武　器：BK-27 机炮 1 门

　　　　10 个挂载点

乘　员：1~2 人

瑞典的"鹰狮"

13

"有一个隐蔽潜力进气道" 的 F-CK-1

"IDF" 战机

　　F-CK-1 战斗机（AIDC F-CK-1 Ching-kuo）是中国台湾地区在美国技术协助下设计开发的一种轻型超音速喷气战斗机，具备超视距作战能力。在台湾空军的规划中，F-CK-1 战机与购自法国的幻影 2000-5 和购自美国的 F-16A/B 战机构成优势互补，F-CK-1 负责中低空防御。

　　1980 年代，在蒋经国的指示下，台湾的空军展开了"自制防御战机"（IDF）的研发，以取代逐渐老化的 F-5 战机。1988 年 12 月 10 日第一架"IDF"原型机出厂，1992 年成军服役；该战机型号为"F-CK-1"，并命名为"经国号"战机。

　　"经国号"战机基本气动设计由 F-16 战斗机改良而来，该机的进气设计很有特色：进气口采固定式、向机身内部弯曲缩小的设计（S 型进气通道）。战机在高攻角时不会出现引擎进气量不足造成失速，此外由于进气口向内弯曲使得引擎所产生的余热较不易散失，无形中减少了飞机的红外线特征加强了隐身性。此设计后来也被法国"阵风"战斗机和美

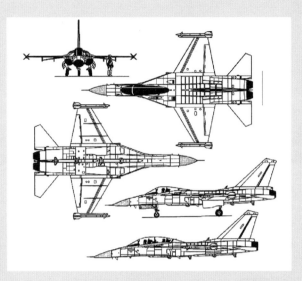

F-CK-1 战机性能数据

翼　展：8.60 米

机　长：14.48 米

机　高：4.42 米

翼面积：21.00 平方米

空　重：6,486 千克

最大起飞重量：12,247 千克

最大速度：1.5 马赫

升　限：16,460 米

乘　员：1~2 人

国 F-22 战机采用，美方人员曾说："你们在无意中造就了一个有隐蔽潜力的进气道，恭喜了。"

作为台湾第一种独立研制的战斗机，IDF 对台军方和科研机构固然有其特殊意义。在台空军的 F-16 和幻影 2000-5 主力阵容面前，IDF 作为配套战斗机，性能上还是够用的。

IDF 双机编队

14

南亚次大陆天空的一抹"光辉"

LCA 战机

1983 年，印度 LCA "光辉"轻型作战飞机项目正式上马。虽然包括飞机发动机在内的关键部件都要从国外引进，受国力及航空科技水平的限制，研制工作进展缓慢。直至 2001 年 1 月 4 日首架验证机升空，2013 年 12 月 12 日，印度 LCA 战机初步形成战斗力，印度空军已在当年 12 月 20 日正式列装。

印度长期以来一直希望实现的战略目标是：至少在部分程度上摆脱依赖国外提供武器系统的状况，但也把从国外采购武器装备视为一种战略举措。在这种长期目标的主导下，具备设计、发展和制造高性能战机的能力，一直是其反复考虑和坚定不移的发展方向。

进入 1980 年代之后，印度科技水平有了很大提高，于是又开始了国产战机的研制，印度希望利用 LCA 战机项目建立新的技术基础，从而覆盖与作战飞机设计和制造相关的所有领域。

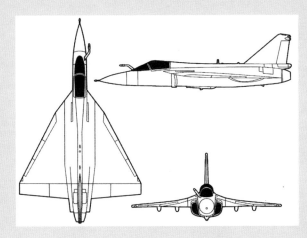

LCA 战机性能数据

翼　展：8.20 米

机　长：13.20 米

机　高：4.40 米

翼面积：37.5 平方米

空　重：6,500 千克

动　力：GE f-404 涡扇引擎 1 台

最大速度：1.6 马赫

升　限：15,240 米

武　器：23 毫米双管机炮

　　　　7 个外挂点

乘　员：1 人

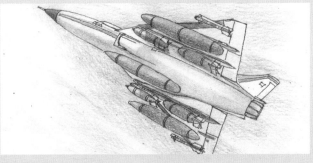

"光辉"的挂载

该机融合了印度各项最新研究成果。但其外形显然受法制幻影 -2000 较大的影响。该机历时三十多年的研发过程，这在航空史上实属罕见。不过根据印度军方公布的材料，LCA 轻型战机整体技术已经达到相当高的水平。

LCA 由印度自主研制

15

"巴铁"倾心钟情"枭龙"战机

FC-1 战机

　　FC-1"枭龙"战斗机，巴基斯坦编号：JF-17"雷电"（Thunder），由中巴双方共同投资、成都飞机（集团）公司等单位联合研制，是巴基斯坦空军参与开发的全天候、单发、单座、多用途轻型战斗机。FC-1 战斗机（JF-17）是中国首次以整机技术出口方式授权境外生产的机型，已批量装备巴基斯坦空军，不少国家有购买意向。

　　FC-1"枭龙"战斗机具有突出的中低空和高亚音速机动作战能力，有较好的截击和对地攻击能力，有较大的航程、留空时间和作战半径，优良的短距起降特性和较强的武器挂载能力。该机采用中等展弦比边条翼正常布局和先进的气动外形，配装大推力、低油耗的涡扇发动机以及先进的数字式电传飞控系统、综合化航空电子和武器系统，具有发射中距弹、实现多目标超视距攻击的能力，具有多种先进的精确导航、战场态势感知、目标探测与识别、作战攻击

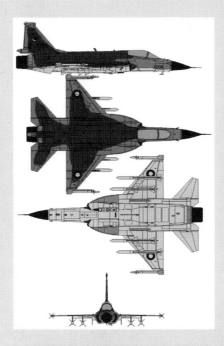

"枭龙"战机性能数据

翼　展：8.98 米

机　长：14.3 米

机　高：4.9 米

空　重：6,586 千克

最大起飞重量：12,383 千克

动　力：RD–93 引擎 /ws–13 引擎

最大飞行速度：1.6 马赫

最大外挂重量：3,000 千克

升　限：15,240 米

作战半径：900 千米

武　器：23 毫米双管机炮 1 门

　　　　7 个导弹挂点

乘　员：1 人

FC–1 的巴方编号为 JF–17

以及电子战等功能。

　　枭龙战机于 2003 年 8 月首飞，2007 年开始交付巴基斯坦空军。它是世界上第一种使用蚌式进气道的入役战机。由于采用了当代先进的设计和制造技术，该机具有轻小型、低成本的特点，适应现代战争要求和国际轻型战机的市场需求。

附记

在本章结束之际，让我们来摆个龙门阵，再次回眸当代重要的主力四代机阵容，这些战机正主宰着当今世界主要大国的领空。先来看看美军的四代机分队，其中F-14已经退役，被新一代的F-18"超级大黄蜂"替代。其他的还在岗，等待F-22和F-35来接班。

战斗机（也称歼击机）按照体积和重量可分为两大类，即重型战斗机和轻、中型战斗机。有人认为：最大起飞重量在20吨以上的可称为重型战斗机；15吨以下的为轻型战斗机。中型的介于其中，现在轻型和中型的概念有点融合。

重型战斗机的基本特征是双发动机配置，采用当时最先进的技术，不惜血本地来确保强大的作战能力。重型战斗机主要任务是进行空战和对地打击，必须携带大量的空对空、空对地导弹和炸弹，具有强大的突防能力和电子战能力，满载时可达30吨左右；在结构中大量使用昂贵的钛合金构件和新型复合材料；在作战半径、雷达功率、载弹量，改进潜力等方面均有轻型战斗机无法比拟的优势。缺点是因价格昂贵而装备数量有限。

轻型战斗机特征为单发构型较多，主要从事制空权争夺等任务，携带足够数量空对空、空对地导弹执行任务和巡逻。其优点是价格低廉，适合大量生产，战场适应性强，用来补充重型战斗机数量的不足。缺点是用途比较单一，持续作战能力不及重型战斗机，适合执行较为简单的任务。虽然轻型战斗机以单发构型为主也有不少以双发构型的，因为双发战斗机的安全性和生存率大大高于单发战机。

其实战机的重－轻搭配上是相对而言的，没有统一的标准。在排除和撇开模型的涂装和亚型细分的因素以后，我们看到美国海军曾经使用的舰载机重轻搭配是F-14和F-18。俄罗斯使用的重轻搭配的是苏-27和米格-29。美国空军则使用的是F-15和F-16搭配。咱们中国空军的搭配，我估计应该是歼-11和歼-10战机。

苏 -37　　米格 -31　　F-15　　F-14

米格 -29　　　　　　　F-18　　台风

幻影 2000　　　　牮 -10　　F-16

美国四代机

重型四代机

中型和轻型四代机

第8章 未来之子 天空主人

就在新旧世纪交替之时，世界各国掀起研制第五代战机的热潮，情形有点像 20 世纪初期英国新概念的"无畏"号战舰下水，引发了世界列强竞相建造无畏级战舰的军备竞赛大潮。

第五代战斗机在科技上与前一代战机最大的差异就是低可侦测性技术的运用。这一项技术是从 1970 年代起，美国几十年积累下来的研发成果。配合电脑的高速计算能力，逐渐将降低雷达截面积（RCS）的估算，成功地与飞机设计融合。现在大家称之为"隐身技术"。"隐身"型战机并不是肉眼看不见的飞机，而是在飞机的外形、涂料等方面作了特殊处理，使得对空警戒雷达、红外等现代探测装置难以发现飞机，这种战斗机可隐蔽接近敌人，达到出其不意地攻击敌机的目的。

第五代战斗机性能特点一般可以用 4 个"S"来概括，即：Stealth（隐形）、Super Sonic Cruise（超音速巡航能力）、Super Maneuverability（超机动能力）、Superior Avionics for Battle Awareness and Effectiveness（超级信息优势）。对于那些单纯凭借机动性取胜的战斗机，这种几乎看不见的"4S"能力成了第五代战斗机最为重要的技术创新。

早期的"隐形飞机"，有 B-2"幽灵"轰炸机和 F-117"夜鹰"战机。F-117"夜鹰"由于缺乏电子扫描阵列雷达和 LPI 无线网络技术，仅限于攻击地面目标，因为使用雷达锁定其他飞机会暴露自己。

不过隐身性能只是飞机作战性能一个因素，过分强调隐身性能反而对飞机的其他性能如机动性能造成负面影响，所以第五代战斗机尽可能在各作战指标之间取得平衡。

F-22 是世界上第一款进入服役的第五代战斗机，于 2000 年代中期陆续加入美国空军服役。其作战能力为 F-15 的 2～4 倍。

F-35 战机具备较高的隐身设计、先进的电子系统以及一定的超音速巡航

能力，将是美国和其盟国在 21 世纪的空战主力之一。

T–50 战斗机是一款由俄罗斯联邦联合航空制造公司旗下苏霍伊航空集团主导并生产的高性能多用途战机，大量采用复合材料和钛合金材料。

歼 –20 战斗机是中国成飞集团为中国空军研制、生产的单座、双发、鸭式气动布局第五代重型隐形战机，于 2011 年 1 月 11 日成功首飞，预计将会在 2017 年至 2019 年间投入服役。

另外，还有两款首飞了的五代技术验证机是歼 –31 和米格 –1.44，这两款飞机没有出现在图片中。歼 –31 战斗机是中国沈阳飞机公司正在研制中的双发单座中型第五代战斗机，于 2012 年 10 月 31 日首飞。歼 –31 采用常规气动布局，具备 DSI 进气道、梯形主翼、倾斜双垂尾及内置弹仓等，其外观具有典型的隐形战机特征。

米格 –1.44 是苏联米高扬设计局再次研制米格 –31 的最终型双发单座战斗机，后为俄罗斯所延续。米高扬设计局因资金问题，只生产出一架米格 –1.44 的技术验证机。

苏 –47 战机由苏霍伊航空集团研发的超音速试验机，在设计与试飞阶段曾经给予 Su–32 和 Su–37 的编号。

除了有人驾驶的五代战机，美国研制 X–47B 无人战斗机的试飞和验证工作已经完成。X–47B 外形与 B–2 型隐形轰炸机极其相似，被称为缩小版的 B–2，尺度直逼美海军现役的 F/A–18E/F 超级大黄蜂战斗机。无人战斗机仅仅是美军迈向新型空中作战平台时代的第一步，X–47B 的优良性能告诉我们，无人战机不仅在未来作战中单独执行任务，还将与有人战机一起联合作战。

1

"金雕" 展翅前掠灵巧奋飞

苏－47"金雕"

苏－47"金雕"超音速试验机，北约代号"小木桶"，是由俄罗斯苏霍伊公司研发的超音速试验机，在设计与试飞阶段曾经给予 S-32 和 S-37 的编号，自 2002 年以后编号改为苏－47，显示这是一架准备进入量产的战机。这架飞机的最大特点在于前掠翼设计，苏－47 基本上是用于科技展示，是为发展下一代俄罗斯战机打基础 。这种战机虽然逊于 F-22"猛禽"战机，但绝对不会输给欧洲的"台风"战斗机。

在航空史上，只有三种前掠翼飞机完成了试飞，并取得了一定成就。第一种是纳粹德国的 Ju-287 四发轰炸机，于 1945 年 2 月完成了首飞，在后来的试飞中速度达到 815 千米 / 小时。仅有的两架原型机后来均被苏军俘获。第二种是美国格鲁门公司研制的 X-29A 前掠翼研究机，共制成两架，于 1984 年 12 月 14 日首飞。在 1984-1989 年间，两架研究机共试飞了数百小时，速度达到了 1.6 马赫，飞行高度 15000 米，过载 6.4G。不过 X-29A 只是一种研究机，机上没有武器装备，设计上也没有采用"隐身"技术。第三种就是俄罗斯的苏－47"金雕"了。

在这里给大家讲一个鲜为人知的故事。在波澜壮阔的抗日战争中，中国空

苏-47超音速试验机性能数据：

翼　展：15.2~16.7 米

机　长：22.2~22.6 米

机　高：6.3~6.4 米

主翼面积：56 平方米

前翼面积：5.7 平方米

空　重：14,400 千克

最大起飞重量：34,000 千克

最大速度：2,500 千米/小时

升　限：18,000 米

乘　员：1 人

苏-47"金雕"模型

军的英勇表现已经被广为传颂。在艰苦卓绝的战争年代，中国航空科技人员在军方要求提高战机机动性的要求下，顽强地开发了一系列军用飞机，尽管它们没有能够扬威于长空，也鲜为人知，但这一切不应该被埋没。他们开发出了前掠翼的"研驱"系列战斗机，战机的机翼采用倒海鸥翼，带前掠，据说当时的"第一飞机制造厂"有少量生产。当年流传下来的比例模型是有心人在台湾的地摊上发现的，堪称弥足珍贵，证明了当时的研发是真实存在的。对抗战这段历史中的人和事，不同的回忆文章有不同的记叙，但是对此事的时间和地点的记录是基本相同的。这段荡气回肠的史实足以让我们对中国军机工业肃然起敬。

中国抗战时期制造的前掠翼飞机模型

2

俄罗斯上空的新箭镞 T-50

T-50 战机

　　T-50 战斗机由俄罗斯联邦联合航空制造公司旗下苏霍伊航空集团主导研制，是在"未来战术空军战斗复合体"计划下开发生产的高性能多用途战机，属第五代战斗机之列。原型机于2010 年 1 月 29 日进行了首次试飞，到 11 月中旬，共进行了 40次试飞。第二架原型机由 2010 年年底开始飞行试验，但被推迟直到 2011 年 3 月。2012 年后，俄罗斯国防部购买首批 10 架评估试验机，计划装备 60 架标准型号。首批战机将配备现有技术水平的引擎。T-50 战斗机预期服役寿命为 30 ～ 35 年。2014 年乌克兰与俄罗斯关系恶化，乌克兰表示目前不会生产 T-50 的发动机配件。

　　T-50 具备隐身性能好、起降距离短、超机动性能、超音速巡航等特点。根据俄罗斯媒体透露的技术指标，T-50 最大起飞

T-50 战机性能数据

翼　展：13.95 米

机　长：19.8 米

机　高：4.74 米

翼面积：78.8 平方米

空　重：18,000 千克

最大起飞重量：35,000 千克

动　力：Lyulka AL-41F2 台
　　　　数控后燃器涡扇引擎
　　　　矢量推进范围：-20° ～ 20°

喷口转速度：30° /秒

乘　员：1~2 人

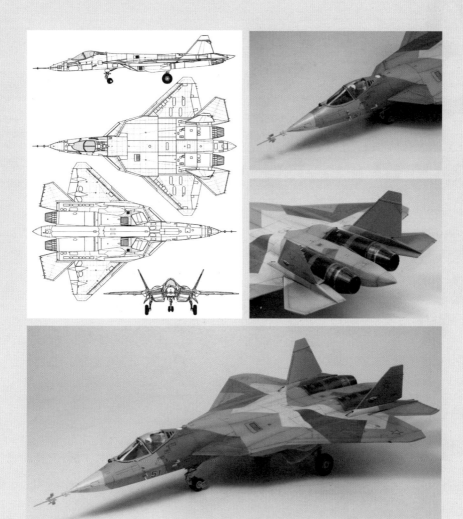

不同视角的 T-50 模型照

重量35吨(理论数字),在以27吨重量起飞时,最高速度能达到2.45马赫。其超音速巡航速度可达1450千米/小时,作战半径1100千米,战斗负荷可达7.5吨,内置3个武器舱,能实现飞行性能和隐身性能的良好结合。

有网友戏称扁平的 T-50 外形像摊薄的 "侧卫",我看倒蛮像一个箭镞的。

我做的这个模型板件来自国内的模型厂家,因为题材新,所以价格贵。

3

中国自主研发的五代机"威龙"

歼-20 战机

　　歼-20（J-20）又名"威龙"战机，是成飞集团为中国空军研制的单座双发鸭式气动布局第五代重型战斗机。歼-20 在设计上采用了全动鸭翼及垂尾、DSI 进气道、多种低可侦测性设计：其机头及机身横截面大致呈五边形、外倾斜双垂尾、带锯齿边空中受油管收纳舱、弹仓及起落架舱舱门、镀膜整体座舱盖等，尽显隐形战机主要特征。此外，歼-20 复合材料用量达 27%，2009 年11 月，时任中国人民解放军空军副司令何为荣将军预期歼-20 将于 2017-2019年间投入服役。

　　在这里，让我们记住这些为捍卫中国制空权而努力工作的科技工作者：宋文骢，中国先进战机之父、歼-10(第三代战机）的总设计师，他是成飞科研团队的领军人物。杨伟，歼-20 的总设计师，外表儒雅的"拼命三郎"，是中国新一代歼击机电传飞行控制系统的组织者和开拓者。1998 年，杨伟受命出任成都飞机设计研究所副所长、副总设计师，兼任飞行控制系统总设计师。从此，他身上的担子更重了，不仅要担任我国新一代外贸型 FC-1 战机的总设计师，还要负责歼-10 战机双座型的研发工作。甘晓华，国产发动机研制者，航空动

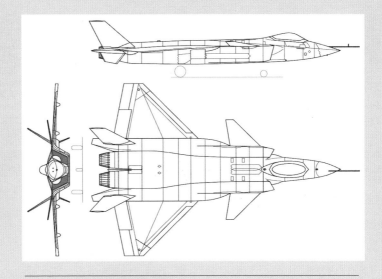

歼–20"威龙"战机性能数据（均为推估）

翼　展：12.88 米

机　长：20.3 米（不包含空速管）

机　宽：3.94 米

鸭翼展：7.6 米

高　度：4.45 米

翼面积：59 平方米

空　重：17,000 千克（验证机）
　　　　22,000 千克以上（量产机）

最大起飞重量：37,000 千克

发动机：AL–31 系发动机
　　　　或涡扇 –10 发动机 2 台
　　　　涡扇 –15 引擎 2 台（后期型号）

最大速度：大于 2.4 马赫

最大航程：5,500 千米

作战半径：2,000 千米

升　限：20,000 米

武　器：机炮 / 导弹 / 炸弹

弹　仓：具有腹部弹仓和侧弹仓

航电设备：AESA 雷达
　　　　　低观测度数据链
　　　　　头盔显示瞄准具
　　　　　光电分布孔径系统
　　　　　光电跟踪系统。

乘　员：1 人

试飞中的歼 –20 原型机

力专家，由他领衔研发歼-20航空发动机，获得了中央军委授予的一等功。梁万俊，歼-20首飞试飞员，王牌中的王牌飞行员，他还是国产FBC-1"飞豹"战机首飞试飞员。

在我购买了"威龙"的模型板件以后，网上传出消息在2014年3月8日，一架编号为2011的歼-20战机成功首飞，标志着我国歼-20战斗机的研制迎来一个全新的阶段，歼-20的空军涂装照片也曝光了。据业内人士解读，歼-20战斗机的之所以采用2011这个编号，说明歼-20已经从技术验证机转入原型机生产阶段，目前是原型机的01批次，机身编号以201开头，而末位的1表示第01批首架。歼-20战斗机此前出现的2001号和2002号飞机为该机的验证机，也就是所谓的718工程验证机。

我按照军迷们把"2011"和"2001"验证机分析对比出来的不同点，对模型进行了改造，尽我的能力把"2011"的新面貌展示出来。我在机头加了新的光电舱，加长了尾喷管，垂尾切角修形。模型板件是黑色的验证机涂装色，我沿蒙皮线做了遮盖，预留好蒙皮阴影，在浅灰空优涂装完成后，渗线渍洗整理完成。

因为歼-20仍处在研发阶段中，性能数据皆为依据照片和视频等资料估计获得。主要数据来源于列克辛顿研究所，尚不足为凭。

不同视角的歼–20 模型照

中国空军过去，现在，将来使用的主力机型

4

一群工程师设计的隐身飞机

F—117 战机

　　F-117A "夜鹰" 是美国洛克希德公司研制的隐身战斗轰炸机，是世界上第一种正式作战的隐身战斗轰炸机。它的设计始于 1970 年代中期，1981 年 6 月 15 日试飞定型，次年 8 月 23 日开始向美国空军交付，共交付 59 架。F-117A 服役后一直处于保密之中，直到 1988 年 11 月 10 日，空军才首次公布了该机的照片，1989 年 4 月 F-117A 在内华达州的内利斯空军基地公开面世。它先后参加过入侵巴拿马、海湾战争、科索沃战争等军事行动。

　　1964 年，苏联科学家彼得·乌菲莫切夫在《莫斯科学院无线电工程学报》上发表了一篇颇有创意的论文《物理衍射理论中的边缘波行为》。在这篇文章中，他提出，物体对雷达电磁波的反射强度和物体的尺寸大小无关，但和边缘布局有比例关系。乌菲莫切夫阐明了如何计算飞机表面和边缘的雷达反射面。

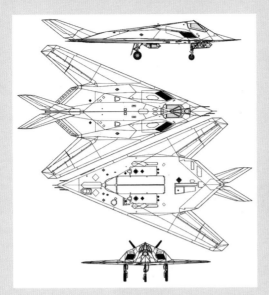

F-117A 隐身战机性能数据

翼　展：13.2 米
机　长：20.1 米
机　高：3.8 米
最大航程：3,200 千米
最大速度：1,111 千米 / 小时
空　重：13,381 千克
最大起飞重量：23,814 千克
武　器：导弹 / 炸弹
乘　员：1 人

　　他得出一个结论，即使一个很大的飞机，仍然可以被设计成具有"隐身"的功能。在 1960 年代，计算机科学还不够发达。到了 1970 年代，洛克希德的情报分析师们发现了乌菲莫切夫的论文。这个时候，计算机和软件获得很大发展，研究隐形飞机的条件都已成熟。在洛克希德公司著名的"臭鼬工厂"，一帮美国工程师用苏联人的理论设计出了隐身飞机，项目的负责人是本·里奇。

　　SR-71 和 F-117A 这两款飞机应该是隐形设计飞机中的老前辈，为后来的五代机设计提供了技术积累。

5

制造刀枪不入神话的"猛禽"

歼 –22 战机

F-22"猛禽"（Raptor）战斗机，是由美国洛克希德·马丁和波音公司联合研制的单座双发第五代隐身战斗机。它是美国空军的 21 世纪初主力制空战机，也是世界上第一种进入服役的五代机。F-22 于本世纪初期陆续进入美国空军服役，以取代上一代的主力机种 F-15"鹰"战斗机。洛·马公司作为主要承包商，负责设计大部分机身、武器系统和 F-22 的最终组装。波音公司则提供机翼、后机身、航空电子综合系统和培训系统。F-22 在美国空军武器装备发展中占有最优先的地位。2002 年 9 月，美空军正式将 F22 改名为 F/A-22，确立了其兼顾制空（F）与对地攻击（A）的双重任务。

洛克希德·马丁公司宣称，"猛禽"的隐身性能、灵敏性、精确度和态势感知能力结合，综合空对空和空对地作战能力，使得它成为当今世界综合性能最佳的战斗机。但由于飞机的制造成本过高，再加上俄罗斯和中国的第五代战斗机的计划延迟，导致其缺乏明确的作战对手。"猛禽"的出口禁令，加上 F-35 和无人机等其他装备计划的展开，都使得 F-22 的生产计划提前终止。F-22 采用双垂尾双发单座布局。垂尾向外倾斜 27 度，恰好处于一般隐身设计的临界点。

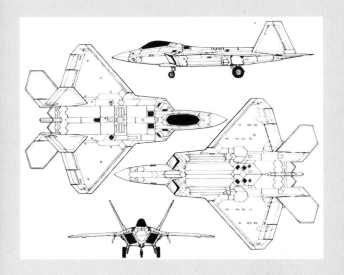

F-22"猛禽"战机性能数据

翼　　展：13.56 米

机　　长：18.92 米

机　　高：5 米

翼面积：78.04 平方米

空　　重：19,700 千克

最大起飞重量：38,000 千克

动　　力：普惠 F119-PW-100 涡扇发动机 2 台

超音速巡航速度：1590 千米 / 小时

最大飞行速度：2,410 千米 / 小时

升　　限：19,812 米

航　　程：4,830 千米

武　　器：机炮 / 导弹 / 炸弹

乘　　员：1 人

F-22 侧面视角

其两侧进气口装在翼前缘延伸面（边条翼）下方，与拥有矢量推力的尾喷口一样，都作了抑制红外辐射的隐形设计，主翼和水平安定面采用相同的后掠角和后缘前掠角，都是小展弦比的梯形平面形，水泡型座舱盖凸出于前机身上部，全部武器都隐蔽地挂在 4 个内部弹舱之中。

　　第一批次的 F-22 于 2003 年 1 月 14 日交付给内华达州的内利斯空军基地，并在 2003 年 10 月 27 日完成"独立初始作战试验与评价"。到 2004 年，共 51 架 F-22 战斗机全部交付使用。2005 年 12 月，美国空军兰利空军基地的第 27 战斗机中队装备的 F-22A 率先达到初始作战能力（IOC），随后国防部表示 F-22A 已经达到战备状态。同时，美国空军又恢复了 F-22 这一名称。2007 年进行的一系列演习中，F-22A 创造了模拟空战击落 144 架"敌机"而自身无一伤亡的"神话"。这一数据信不信由你，但足以佐证 F-22A 性能的超前程度。

2009 年 4 月，美国国防部建议停止新订单，经国会批准最终采购 187 架战斗机。2011 年 12 月 13 日最后一架 F-22 的入役仪式在多宾斯空军预备役基地举行。

不同视角的内部弹舱

水泡型座舱盖

外倾 27° 的双垂尾

隐形设计的矢量推力尾喷口

6

地平线上又亮起"闪电"

F-35 战机

　　F-35"闪电Ⅱ"（Lightning Ⅱ）联合攻击战斗机是一款由美国洛克希德·马丁公司设计及生产的单座单发战斗攻击机，主要用于前线支援、目标轰炸、防空截击等多种任务，并由此发展出 3 种主要的衍生版本：使用传统跑道起降的 F-35A 型；短距离起降/垂直起降的 F-35B 型，战机安装了适合短距离起降/垂直起降的升力风扇；作为航空母舰舰载机的 F-35C 型，为适应航母上的使用要求，主翼及垂直尾翼的面积加大，两翼可折叠，并给起降用的尾勾做了强化设计。

　　F-35 属于五代机，具备较高的隐身性能、先进的电子系统以及一定的超音速巡航能力。F-35 也是世界上最大的单发单座舰载战斗机。

　　F-35 起源自美国"联合攻击战斗机"（Joint Strike Fighter JSF）计划，该计划是 20 世纪最后一个重大的军用飞机研制和采购项目，其设计目的是为了替代美国空军、美国海军、美国海军陆战队以及英国海军的 F-16、F/A-18C/D、AV-8 等各种军机。计划被定位为低成本的武器系统，这是因为像 F-22 战斗机

F-35 联合攻击战斗机性能数据

翼　　展：10.70 米（F-35A/F-35B）/ 13.26 米（F-35C / 折叠后 9.10 米 ）

机　　长：15.47 米（F-35A/F-35B）/ 15.62 米（F-35C）

机　　高：4.57 米（F-35A/F-35B）/ 4.72 米（F-35C）

翼面积：42.7 平方米（F-35A/F-35B）/ 57.6 平方米（F-35C）

空　　重：12,020 千克（F-35A）/ 13608 千克（F-35B/F-35C）

最大起飞重量：27，215 千克（F-35A/F-35B/F-35C）

动　　力：JSF119-611 加力涡扇引擎一台

作战半径：1,111 千米（F-35A/F-35B）/833 千米（F-35C）

巡航速度：740 千米 / 小时

最大速度：1,931 千米 / 小时（1.6 马赫）

武　　器：基本为内置，标准配备是 2 枚空空导弹和 2 枚 JDAM 机翼上还有 4 个挂架，F-35 的总载弹量为 6～7 吨。

乘　　员：1 人

F-35A 型模型照

的成本不断高涨，美国及其他国家均感到，单纯依靠这样的高性能且高价格的战机组成战斗机部队，在财政上难以承受。因此美国各军种改变以往各自研制战斗机的传统，共同研制一种用途广泛、性能先进、价格可承受的低端战斗机。

F-35 将是美国和其盟国在 21 世纪的空战主力，美国空军、海军、海军陆战队将装备超过 2000 架，其他共同联合研发国家则装备 710 架。

F-35 是低端五代机

三个名叫 "闪电" 的战机

英国、意大利、荷兰、澳大利亚、日本、加拿大、挪威、丹麦、土耳其、以色列等均参与研发并可能装备。

　　F-35 外型近似 F-22 战机的单引擎缩小版，第一架试飞的 F-35 是空军版 A 型，编号 AA-1，2006 年 12 月 15 日在德克萨斯州首飞成功。

　　我制作的 F-35 战机是 A 型，制作的难点是飞机蒙皮上敷着的隐形贴条。我用裁细的遮盖带慢慢地盖线，喷漆后扯开遮盖后还要修整一下，我的 "飞行联队" 里有三个名字叫做 "闪电" 的战机，它们是二战时期的美国 P-38 战机、英国冷战时期的 BAC "闪电" 战机和现在的 F-35，这下大家可以理解标题 "地平线上又亮起'闪电'" 的缘由了吧。

不同视角的 F-35A 模型照

7

揭开"粽子"的神秘面纱

歼 -31 战机

歼 -31（FC-31）"鹘鹰"战斗机，是中国沈阳飞机公司研制中的双发单座中型第五代战斗机。歼 -31 采用常规气动布局，具备 DSI 进气道、梯形主翼、倾斜双垂尾及内置弹仓等，其外观具有典型的隐形战机特征，预计其定位将是类似美国空军 F-35 战机，与重型战机形成高低搭配。因为采用双前轮起落架，所以有可能衍生出中国航空母舰使用的舰载型。

歼 -31 于 2012 年 10 月 31 日完成首次飞行测试，标志着中国超越俄罗斯，成为继美国后第二个具有同时研究及制造超过一种五代战机的国家。"鹘鹰"在运输途中被包裹得很密实，被戏称为神秘的"粽子"机。

在设计上，歼 -31 的外型类似美国洛克希德·马丁公司的 F-35 战机，但是歼 -31 采用了双发动机设计，前移的菱形垂直尾翼设计与 F-22 "猛禽"战机相似，体型则比成飞集团的歼 -20 小一些。

歼–31 战斗机性能数据（推估）

翼　展：11.50 米

机　长：约 16 ～ 17 米

机　高：4.8 米

翼面积：40 平方米

空　重：12,020 千克

正常起飞重量：17,500 千克

动　力：俄制 RD–93 引擎 2 台
　　　　/ 中国涡扇 –13 引擎 2 台

最大速度：1.8 马赫

巡航速度：0.95 马赫

升　限：18,000 米

作战半径：800 ～ 1250 千米

武　器：机炮 / 导弹 / 炸弹

乘　员：1 人

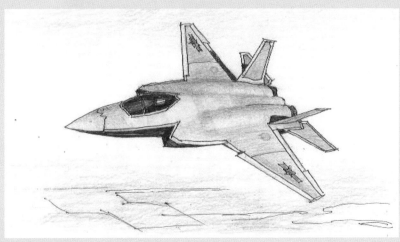

歼 –31 战机手绘图

8

形影相吊的米格-1.44 战斗机

米格-1.44 战机 CG 图

　　米格-1.44 战机是苏俄米高扬设计局研制的局部隐身双发单座战斗机，为五代机。该机采用非常规的三角翼、双垂尾的鸭式气动布局和可调式 S 型进气道，机体大量采用了复合材料和可降低红外特征的技术，机身表面和进气道内也采用了吸波涂层。米格-1.44 独辟蹊径，采用等离子体技术，不但实现了隐身，使飞机被雷达发现的概率几乎为零。比 F-117 和 B-2 的雷达反射面小得多，而且无需改变飞机气动布局，作战性能、机动性能据说可与美国的 F-22 媲美，这让西方国家大为震惊。

　　米格-1.44 战斗机于 1983 年开始设计，1989 年开始首架飞机组装，1991 年苏联解体后，米高扬设计局因资金问题，只在 1994 年生产出一架米格-1.44 的技术验证机并于 2000 年 2 月 29 日首飞成功。这架世上绝无仅有的米格-1.44 现在已退出江湖。俄罗斯最后选中苏霍伊的 T-50 作为空军新一代的主力战机。

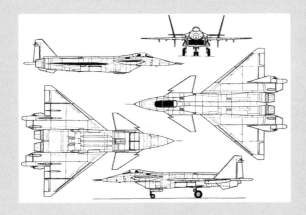

米格 -1.44 战机性能数据

翼　展：15 米

机　长：19 米

机　高：4.5 米

空　重：18,000 千克

最大起飞重量：35,000 千克

动　力：AL-41F 矢量推力
　　　　涡扇引擎 2 台

最大速度：3,185 千米 / 小时（2.6 马赫）

升　限：21,555 米

航　程：4,000 千米

武　器：机炮 / 导弹 / 火箭弹 / 炸弹

乘　员：1 人

米格 -1.44 仅生产了一架

9

未来天空中的钢铁侠

X-47B 无人机

　　X-47B 是一架试验型无人战斗航空器（UCAV），由美国诺斯罗普·格鲁门公司完成开发。X-47 项目开始于 J-UCAS（联合无人空战系统）计划，现在是美国海军发展舰载无人飞机计划的一部分。X-47B 是一种可用于压制敌军防空火力、实施电子战攻击、执行侦察、搜索和救援任务于一体的无人机。X-47B 的尺寸不小，但可算得上是一款轻型战斗机。从外观上看，其外形与 B-2 型隐形轰炸机极其相似，被称为缩小版的 B-2。尺寸直逼美海军现役的 F/A-18E/F 超级大黄蜂战斗机。此无人机项目于 2007 年启动，耗资 14 亿美元。

　　X-47B 无人机于 2011 年 2 月 4 日在美国加利福尼亚州爱德华兹空军基地首飞。2013 年 5 月 14 日，X-47B 无人机首次从美国海军"乔治·布什"号航空母舰上弹射起飞，2013 年 7 月 10 日，该无人机成功降落在航空母舰上。完成了一系列的地面及舰载测试。是世界上首架陆基和航母都能使用的无人侦察攻击机，它的首飞成功引起了广泛关注。

　　X-47B 是人类历史上第一架无需人工干预、完全由电脑操纵的无尾翼、喷气式无人驾驶隐形侦察攻击机。目前该机无武装，但有两个任务舱，最多可搭载 2000 千克弹药，后继型号 X-47C 将正式搭载武器装备。其最大起飞重量超

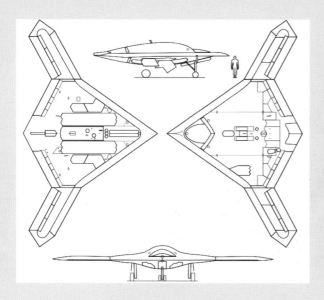

X-47B 无人机性能数据

翼　展：18.92 米 /9.4 米（折叠）
机　长：11.63 米
机　高：3.10 米
空　重：6,350 千克
最大起飞重量：20,215 千克
动　力：F100–220U 涡扇引擎一台
巡航速度：0.9+ 马赫（高亚音速）
航　程：3,889+ 千米
升　限：12,190 米

飞翼外形 的 X-47B

过 20 吨，但空重只有 6 吨多，省去了一切和乘员有关的载重，从图片中可以看到有人机的座舱位置已被无人机的进气口替代。

　　X-47B 飞行性能较高，作战半径大，并有自主空中加油能力。再加上卓越的隐身性能，同美军各类现役战机相比，X-47B 滞空时间更长，其 800 海里（约 1482 千米）的作战半径，既可以使航母战斗群处于更安全的位置，也可以更深入内陆执行打击任务。另外，X-47B 最大的优势在于隐身突防，它拥有非常优异的雷达和红外低可探测性，保证其能够突破敌方防空圈，为后续有人驾驶作战飞机打开通路，形成无人机和有人机的全新搭配构架。

　　在美国有人驾驶的五代机完成高低搭配，世界各国的五代机主力阵容纷纷亮相之后大家又掀起了一轮现代无人机的研发热潮。首先，让我们来回顾一下无人机的发展史。

驾驶舱位置现为进气口

　　1940 年代，无人机一般被当作靶机，用于训练防空炮手。第二次世界大战之后，各国将多余或者是退役的飞机改装成无人机，用作特殊研究或者靶机，开创近代无人机使用的先河。随著电子技术的进步，无人机在担任侦察任务的角色上开始展露它的重要性。20 世纪中后期的越南战争、海湾战争乃至北约空袭南斯拉夫的过程中，无人机都被频繁地用于执行军事侦察任务。

　　1990 年代后，西方国家充分认识到无人机在战争中的作用，竞相把高新技术应用到无人机的研制与发展上：新翼型和轻型材料大大增加了无人机的续航时间；采用先进的信号处理与通信技术提高了无人机的图像传递速度和数字化传输速度；先进的自动驾驶仪使无人机不再需要陆基电视屏幕领航，而是按程序飞往盘旋点，改变高度和飞往下一个目标。

　　由于无人机成本低廉，极富任务弹性，这种战斗机器不存在机组人员伤亡的风险。所以专家认为，美军无人战机 X-47B 的出现将改变未来战争格局。阿富汗战场上特殊的地形对无人机的需求更是刺激了美国无人机的发展。它将大大推动美军作战样式的改变。X-47B 的诞生会刺激世界各国加快无人机研制的步伐，在未来相当长的一段时间里，它将是各国争相效仿的对象。

　　弹道导弹和航天器如何在大气层内实现高超音速飞行仍是前沿技术，无人机又出现高超音速新概念。世界各国竞相研制的高超音速无人

有人机存在飞行员伤亡风险

X-43

X-51A

机也值得我们加以关注,科学家对高超音速的定义,是速度超过5马赫,也就是超过音速的5倍(每小时约6000千米)。高超音速飞行器主要包括3类:高超音速巡航导弹、高超音速飞机以及航天飞机。

X-43系列高超音速飞机是美国航空航天总署秘密研制的无人驾驶飞机,看上去很像一块漂亮的冲浪板。1996年开始研制。2004年第二次试飞成功,并突破7倍音速。

X-51A由波音公司与普惠公司共同开发的超燃冲压发动机验证机——乘波飞行器,由一台JP-7碳氢燃料超燃冲压发动机推动,设计飞行马赫数在6~6.5之间。这个计划的终极目标就是要发展一种比美国原武器库中的任何一种导弹的速度都要快、可以在1小时内攻击地球任意位置目标的新武器。

在经历了内燃机时代和喷气时代以后,让我们拭目以待军用战机进入无人机和高超音速飞行新时代的到来。

第9章 旋翼家族　天马行空

在前面的八章里，我们介绍的飞机多是固定翼飞机，它们的气动外形和飞行原理基本相似。也有些可变翼飞机，如 F–14、米格 –27 等，可变翼像可收放自如的翅膀，样子有点像展翅翱翔的飞禽。航空器中还有一类飞机，它们的样子有点像我们小时候玩过的竹蜻蜓。我们小时候都学着自制过、用手一旋一松，竹蜻蜓便窜上了蓝天。它们有机身，无固定机翼，但头顶上旋转挥舞着长长桨叶，这种桨叶我们称之为"旋翼"。

使用旋翼的飞行器有两种，一种叫旋翼机，它的使用不广泛，优点是轻巧，安全。它是一种利用飞机向前飞时的相对气流吹动旋翼自转以产生升力的航空器，前进动力由发动机带动另外一个平飞螺旋桨提供。旋翼机必须滑跑加速才能起飞。旋翼机是西班牙人谢巴发明的，首飞时间是 1925 年，很多轻型旋翼机活跃在现今的航空运动俱乐部。

另一种叫直升飞机，它的用途非常宽泛，使用量非常大。看上去旋翼机和直升机在外形简直一模一样：它们头顶都有一副大直径的旋翼，而实际上旋翼机和直升机却是两种完全不同的飞机。

直升机主要是驱动旋翼获得升力，除了保持升力以外，还通过旋翼机构的动作使旋翼向前后左右做出偏转，产生向前后左右运动的分力，驱动直升飞机向各个方向移动，实现直升机的飞行模式。旋翼一般由涡轮轴发动机或活塞式发动机通过由传动轴及减速器等组成的机械传动

竹蜻蜓就是旋翼

旋翼机

直升机 R–4（左）和 Fw–61

系统来驱动，也可由桨尖喷气产生的反作用力来驱动。

从飞机机翼构型上看，我们可以把重于空气的航空器区分为固定翼和旋翼两大类，这两大类飞机的鼻祖是"飞行者一号"和 Fw-61。

中国的竹蜻蜓和意大利人达·芬奇的直升机草图，为现代直升机的发明提供了启示，指明了正确的思维方向，它们被公认是直升机发展史上的思维起点。

早在 1906 年，就有人研究过直升机，但没有解决平衡和操纵问题。1923 年西班牙人 J. 切尔瓦引入铰接式旋翼才使旋翼飞行成功。1936 年 6 月 26 日，德国人试飞了第一架载人直升机 Fw-61。1939 年 9 月 14 日，西科尔斯基设计的 VS-300 直升机试飞成功，由 VS-300 发展了一系列单旋翼带尾桨的直升机，它是直升机主流构型。1942 年，这个系列中的 R-4 直升机成批生产。这两款直升机的研发成功，直升机技术得到迅速提高，开创了直升机的大发展年代。

1946 年，美国 L.D. 贝尔设计的贝尔 47 直升机取得适航证。在这以后，直升机在军用和民用方面逐渐获得广泛的应用。直升机具有灵活方便和不需要固定的机场设施等优点，直升机目前广泛应用在国计民生、抢险救灾、搬运起重等领域。而武装直升机则担负着侦察运输、攻击压制等军事任务。

1950 年代的活塞式直升机速度很低，约为 100~200 千米 / 小时。在采用了涡轮轴发动机后，直升机速度得到大幅提高，最大速度可达 300 千米 / 小时左右，一般航程可达 600~800 千米。根据不同的需要，直升机有不同轻重的构型。1961 年，美国开始使用 S-61、S-64 起重直升机等重型直升机。1961 年美国还研制了纵列双旋翼

直升机的飞行模式

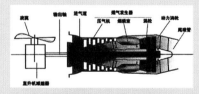

发动机输出轴动力

"飞行者一号"（后）和 Fw-61

从前至后：R-4,S-58,HH-60H

的 CH-47 中型运输直升机。1965 年苏联研制出大型的横列双旋翼式米-12 运输直升机，颇让世界瞩目。当前世界上投入使用的、最大重型直升机是俄罗斯的米-26，其最大起飞重量达 56 吨，有效载荷 20 吨。当前用的比较多的是单旋翼直升机及双旋翼直升机，而单旋翼直升机的保有量最多。

　　1960 年代中期美国研发了武装直升机"休伊眼镜蛇"，用于对地攻击任务，后来形成了武装直升机一大分支。

　　我自制了两个直升机的老祖宗，德国的 Fw-61 和美国的 R-4。加上我以前做过的 CH-47 和卡-50 直升机，觉得品种和门类很齐全了，我将照片放到模型网上以后，有模友指出，从旋翼的排列方式上看，缺了交叉旋翼机。我又在网上找到了依据，自制了一架 K-MAX 交叉旋翼机。这样，直升机旋翼排列的五种方式，在我的模型制作中就齐全了，我来逐一介绍一下这五种旋翼排列形式：左后为 CH-47 纵列双旋翼、右后为 K-MAX 交叉横列双旋翼、中为卡-27 共轴双旋翼、左前为 FW-61 横列双旋翼、右前为 R-4 单旋翼带抗扭尾桨。

卡-50（左）和 AH-64

直升机旋翼的五种排列方式

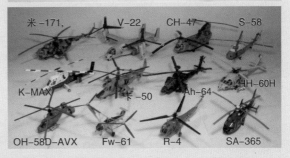

上世纪末，美国研制了一款新型飞机——V-22"鱼鹰"倾转旋翼机，该机不仅具备直升机的垂直升降能力，又拥有固定翼螺旋桨飞机的各种优点。它的另类属性，已经模糊了固定翼飞机和直升机的概念边界。我凭直觉，还是把它放在了这一章。

1

Fw-61 挥起双臂舞起来

Fw-61 直升机

　　1938年，年轻的德国姑娘汉娜驾驶一架 Fw-61 双旋翼直升机在柏林体育场进行了一次完美的飞行表演。Fw-61 直升机的诞生是世界直升机史上的大事，它是数代人在直升机领域的所有努力的一次总结，是第一种成功试飞、有实用价值的直升机。

　　德国福克－伍尔夫公司在对早期直升机进行多方面改进之后，公开展示了自己制造的 Fw-61 直升机。一年后该机创造了多项世界纪录。这是一架机身类似固定翼飞机，但没有固定机翼的大型双旋翼横列式直升机。桨叶是用挥舞铰和摆振铰连接到桨毂上。用自动倾斜器使旋翼旋转平面倾斜进行纵向操纵，通过两副旋翼朝不同方向倾斜实现偏航操纵。Fw-61 旋翼毂上装有周期变距装置，在旋翼旋转过程中可改变桨叶桨距，还有一根可变动桨距的操纵杆来改变旋翼翼面的倾斜度，以实现飞行方向控制。这是世界上第一架具有正常操纵性的直升机。

　　法国的布雷盖－多兰直升机也曾尝试这样做，不过最终还是

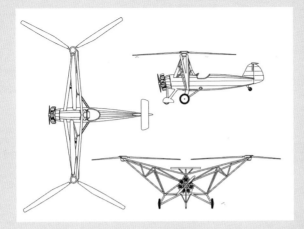

Fw–61 直升机性能数据

旋　翼：直径 7 米
机　长：7.3 米
机　高：2.65 米
自　重：800 千克
起飞重量：950 千克
　　　　　（一说 1,024 千克）
机　身：福克 Fw44 教练机，
动　力：活塞发动机 1 台 140 马力
速　度：100 ~ 120 千米 / 小时
航　程：200 千米

Fw–61 让这种便捷的操控成为现实。

　　法国人制造的直升机虽然于 1935 年比 Fw–61 早一年完成首飞，被认为是欧洲第一架"实用性直升机"。然而 Fw–61 一经问世，它就在各项指标上全面超越了法国人的直升机，被称为第一架"真正具有"实用性直升机。

　　眼前的这架 Fw–61 直升机是我自制的模型。制作的过程不是很难，首先下载和打印 1/72 的线图和收集的照片资料，在仔细琢磨了图纸以后发现机身除了座舱位置不同外，可以利用法国一战飞机"斯帕特"的机身来改造。各种支撑杆、连接件，都要按照线图的尺寸认真制作。我按着自己设计的步骤装配好机身和旋翼支架，小飞机基本成型了。接下来用多余水贴拼凑出了编号。但是对于尾翼上的纳粹标志，我没有依葫芦画瓢。第一个自制直升机模型下线啦！现在可以仔细来欣赏直升机开山祖的模样了。

不同视角的 Fw–61 模型机

法国人制造的直升机性能还不够完善

2

VS-300 终于稳稳地悬起来了

R-4 直升机

和 Fw-61 相比 R-4 直升飞机是美国陆军装备的第一种直升机，也是世界上第一种量产的、入役的"正真意义"上的直升飞机。

1939 年 9 月 14 日，西科斯基身穿黑色西服，头戴鸭舌帽，踏进座舱，轻松地把一架直升机升到空中，高约两到三米，平稳地悬停了 10 秒钟之久，然后轻巧地降落回地面。这掀开了航空史上崭新的一章，他成功地让世界上第一架性能完备的直升机——VS-300 升空了。经反复试飞，VS-300 具有良好的操纵性能，具备了现代直升机的基本要素。1940 年底，美国陆军决定大量购买 VS-300 系列的改进型 VS-316，军队编号为 R-4。它能垂直起降、悬停、前飞、后飞、侧飞以及无动力自转下降等，完全具备了现代直升机的飞行性能特征。第一架 R-4 于 1942 年 5 月交付美国陆军使用。1889 年出生的西科斯基从小就热爱航空，尤其对达·芬奇所画的直升机原理和从中国传来的竹蜻蜓特别感兴趣。在 1920 ~ 30 年代，他解决了直升机最大的难题——直升机在空中打转的毛病。他巧妙地在机尾装了尾桨来抵消主翼的扭力。到现在，带抗扭

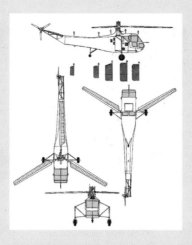

R-4 直升机性能数据

主族翼直径：11.58 米

最大重量：1,152 千克

动　力：活塞发动机 1 台

　　　　（185 马力）

巡航速度：109 千米 / 小时

航　程：320 千米

升　限：1,524 米

乘　员：2 人

尾桨的单旋翼款式一直是直升机的主流构型。

在这几年时间里，我陆陆续续做了几架直升机模型，但总觉得不过瘾，原因是缺了直升机的鼻祖级机型。我在网上了解到 1936 年德国制造的 FW-61 直升机和 1943 年西科斯基的首款量产直升机 R-4，有着直升机史上的一哥范儿，堪称"旋翼双杰"。

我决定自制这两个模型，一来我的直升机分队有了带队的长机，二来也是挑战一下自己的自制能力。

做完 FW-61，我马不停蹄地开工 R-4。仔细揣摩图纸后才发现，如果 FW-61 还可以利用别人的机身改造的话，这个 R-4 除了轮子以外，其余都是正儿八经的全自制。通过反向测绘，我标定了肋骨的剖切点，并制成各个节点的肋骨，同时用胶板把侧立面机身裁切出来。粘合机身的四个面用了各种胶水：从两种模型胶水到两种 502 胶水，再用 AB 胶

全自制的 R-4 模型照

画好机身剖面肋骨图

粘肋骨

机身框架成型

粘上窗玻璃

机身构件完成

R-4 模型与图纸合影

加强。机身基本成型了。经过一整天的粘合、修形和调整，机身框架全面合龙。马上要进入玻璃驾驶舱全"包"工序了，模型制作的成败在此一役。在此之前，要把驾驶舱侧面玻璃粘上去，边粘边调整好位置，因为等正面包好后，驾驶舱就封闭了。驾驶舱的蒙皮，我用的是超市里面透明的商品包装塑料片，一只手按紧粘接面，另一只手拿缝衣针蘸着果冻型 502 胶水，不多不少地"渗边"。桨毂的前部我用一个黄酒瓶盖做了圆锥。桨毂后部的蒙皮是用牙膏皮解决了这个"非欧空间"曲面。我的 R-4 直升机模型制作成功了，和图纸来一张合影。

不同视角的 R-4 模型照

3

从活塞引擎到涡轮轴引擎的过渡

S-58 直升机

　　西科斯基 S-58 直升机是按照美国海军关于反潜直升机的规范研制的，于 1954 年 3 月 8 日首飞。该机型还授权法国南方飞机公司在法国制造，授权韦斯特兰公司在英国制造。S-58 直升机于 1956 年交付第一批商用机型。包括军用机型在内，S-58 直升机一共制造了 1821 架。

　　S-58 直升机四桨叶旋翼、四桨叶的尾桨位于后掠式垂直尾翼的顶部左侧，配置 R-1820 活塞发动机或 PT6T Twin-Pac 涡轮轴发动机、高置驾驶舱、后三点式起落架。

　　在英国授权生产的 S-58 被命名为韦塞克斯直升机，并换装了英国的纳皮尔"瞪羚"涡轮轴发动机，1958 年 6 月 20 日，首架威塞克斯原型机 XL727 首飞。60 年代初，威塞克斯发展出 HC.2 型，这是英国空军的通用运输直升机，改用两台罗尔斯 - 罗伊斯发动机，1961 年威塞克斯反潜型 HAS.1 进入皇家海军服役，从事反潜作战和海空救援任务。

　　1982 年，有 55 架威塞克斯 HU.5 型参加了英阿马岛战争。2003 年，该机退出英国现役。除英国外，威塞克斯直升机身影遍及欧洲、亚洲甚至中东。使用威塞克斯直升机的还有澳大利亚海空军、乌拉圭海空军，孟加拉、文莱、埃及、加纳、伊拉克、阿曼空军。我做的这架是澳大利亚海军涂装。

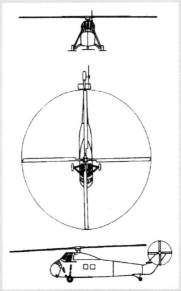

西科斯基 S-58 中型直升机性能数据

旋翼直径：17.1 米

机　长：17.3 米

机　高：4.9 米

空　重：3,583 千克

最大起飞重量：6,350 千克

最大速度：222 千米 / 小时

航　程：481 千米

不同视角的 S-58 模型照

4

"吉奥瓦勇士" 的与时俱进

OH-58D 直升机

OH-58D-AVX 直升机

这个标题下，我其实做了两架直升飞机模型：贝尔公司的 OH-58D 轻型侦察直升机和 OH-58D-AVX 复合式直升机。缘由是我有两盒美国 OH-58D "吉奥瓦勇士" 的板件，第一盒买贵了，后来发现网站上有很便宜的，再买了一盒。最近，在一本军刊上看到 OH-58D 有了升级方案，原贝尔公司的几名工程师在 2005 年创办了 AVX 公司，OH-58D 的升级方案由 AVX 公司提出，因为方案大胆创新，超越常规，现已获得了美国陆军的研究合同。

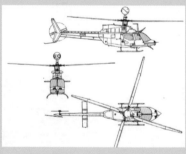

我们先介绍贝尔的 OH-58 "吉奥瓦勇士" 轻型侦察直升机，它是一个直升机系列。单引擎单旋翼，有观测和部分攻击能力。其中的 OH-58D 型，主要是担任陆军的支持侦察角色。

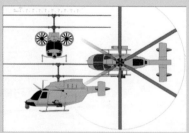

我制作的模型为 OH-58D-AVX 复合式直升机，是对 OH-58D 一种颠覆式的 "超改"。原来的 OH-58D 直升机单轴四叶旋翼，被改为一对共轴对旋三叶旋翼，取消尾桨和抗

OH–58D 型直升机

OH–58D–AVX 直升机

OH–58D 型直升机的性能数据

旋翼直径：10.67 米

机　长：12.39 米

机　高：2.29 米

空　重：1,281 千克

最大起飞重量：2,495 千克

动　力：T703–AD–700A 或
　　　　250–C30R/3 引擎

最大平飞速度：237 千米 / 小时

航　程：556 千米

实用升限：3,660 米

武　器：直升机通用挂架两个
　　　　M2 重机枪一门

乘　员：2 人

扭尾桨，改为两个并置涵道推力风扇。升级以后，速度可以提升 25%，并能满足高海拔无地效悬停要求。使原来性能已经老旧，无法适应现时作战需求的 "吉奥瓦勇士"，有了一个脱胎换骨的与时俱进。

我用老牌模型厂商 "火柴盒" 的 OH–58D 板件来改造全新的 OH–58D–AVX 复合式直升机！这个新模型肯定是市面上没有的首创版哦！想到这里，热血沸腾，我立即动手下载打印图纸和各种资料。通过比对，搞清了改造的重点就是旋翼和涵道风扇，再加个光电旋转舱。

旋翼很快用一种有弹性塑料片制作好，要在桨毂上安装垂直拉杆，共轴式的轴盘和桨毂。结构关系很复杂，缺乏专业知识的我只好根据图纸依样画葫芦地加了上去。我用大号油性麦克笔的笔套截下一段来制作涵道，用两个舰船模型上多余的螺旋桨整流罩加上三个支撑片，把整流罩固定好，而风扇是另外找两个小一点的螺旋桨整流罩粘上自制的叶片就成了。原来在旋翼上方的光电侦察火控圆塔要改到驾驶舱下方来，我找到了相应的小零件来改造。我的改造工程顺利完工，现在是要等待 AVX 公司的实机亮相啦。

有人说过，创新就是模糊原来事物的界面，整合出新的界面。"吉奥瓦勇士" 从传统概念的直升机已经提升为全新概念的复合式直升机了。这样的设计，发动机就不需要给抗扭尾桨输出动力了。欧洲的 SA365 直

升机的涵道尾桨虽然气动效率高，不过它还是用来抗扭用的。经过的创新改造后的"吉奥瓦勇士"今后将跟上时代的步伐，继续活跃在天际线上空。

制作在进行中

短尾巴的 OH-58D-AVX

OH-58D 的尾部

OH-58D-AVX 的机头

OH-58D-AVX 模型照

OH-58D-AVX（前）和 V-22

5

聪明的"海豚"全球跃飞

SA-365 直升机

　　SA-365"海豚 II"直升机（Eurocopter SA 365/AS365 Dauphin 2）是由欧洲直升机公司（最初是由法国宇航公司开发）所设计制造的多用途中型直升机。该机于 1977 年中开始研制，1979 年 3 月 31 日第一架原型机首飞，同年 6 月在巴黎航展上公开展出。该型直升机的军用版是 AS-365N2。美国海岸防卫队、台湾空中勤务总队及香港政府飞行服务队等多个国家或单位目前在广泛使用的机型。共有 51 个国家 176 个用户订购了 630 架 SA365/366/565 各型军民用直升机，共交付 605 架。

　　中国哈尔滨飞机公司引进 SA-365N1 型直升机技术专利进行生产，国内型号为直 -9（Z-9）直升机，它是一款多用途双发涡轴 10-14 座直升机。

　　这个模型是我的早期制作，手艺上乏善可陈。唯有两点依稀可以回忆：绿色天窗是用"雪碧"的塑料瓶壳改造而成的，旋翼在做下垂状态时被烤化了，后来我用另一种塑料片替代，有很好的下垂感觉。来一张完工后的照片。

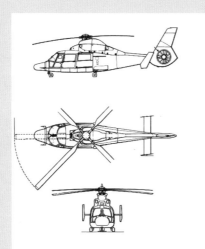

SA365 直升机（SA365N3）性能数据

旋翼直径：11.93 米

尾桨直径：1.10 米

机身长：11.63 米

机　高：3.52 米

动　力：阿赫耶 2C 涡轴 2 台

空　重：2,281 千克

最大起飞重量：4,250 千克

最大速度：287 千米 / 小时

升　限：3,700 米

航　程：859 千米

武　器：反潜 / 水面搜索雷达 / 全向雷达

乘　员：1~2 人

载　员：12 人

不同视角的 SA-365 模型照

6

老而弥坚的 CH-47 "飞行香蕉"

CH-47 直升机

CH-47 "支奴干" 直升机，是一种由美国波音公司制造的多功能、双发动机、双旋翼中型运输直升机。CH-47 "支努干" 运输直升机于 1956 年开始研制，其双旋翼纵列式结构免除了一般直升机需要的尾部抗扭力桨。它有两副可人工折叠的旋翼，分别位于机头和机尾的上方。1960 年代开始服役时，是飞行速度最快的直升机，时速高达 315 千米。其首要任务是部队运输和战场补给，可以运送军事车辆和坦克等装备，还可搭载加特林机枪，用于火力压制和对地攻击。CH-47 被外销往 16 个国家，最大的买家是美军和英国的皇家空军，由于它的外形酷似香蕉，被大家戏称为 "飞行香蕉"。

CH-47 直升机有 A、B、C、D 型，现今装备最多的是 C 型和 D 型。其中，CH-47D 型仍是美陆军 21 世纪初空中运输直升机的主力。中国台湾省也购买了数架 CH-47D 直升机。

美国波音公司为达到美陆军新的战术要求，目前仍在对 "支奴干" 进行了 13 项重大改进。包括更换大功率发动机，传动功率比原来有较大提高，使用了

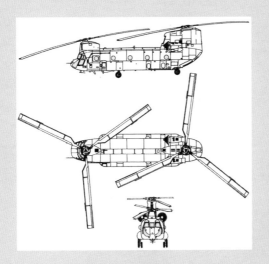

CH-47D 运输直升机性能数据

旋翼直径：18.29 米
机　长：15.54 米
机　高：5.68 米
实用升限：5,640 米
空　重：10,500 千克
最大起飞重量：22,700 千克
最大速度：315 千米 / 小时
航　程：2,060 千米
固定武器：无
机组成员：3 名

更大强度的旋翼桨叶，驾驶舱与夜视镜兼容，先进的液压和自动飞行控制系统等等。

作为现代直升机家族中的另类，老而弥坚的 CH-47 "支努干" 运输直升机以其卓越的性能备受青睐，越战后的历次美军行动中几乎每次都有它的身影，到现在，还可以在新闻频道的镜头中看到它忙忙碌碌的影像。

不同视角的 CH-47 模型照

7

空中搬运工——卡曼 K-MAX

K-MAX 直升机

　　双旋翼交叉式直升机除与其他双旋翼直升机一样装有两副完全一样，但旋转方向相反的旋翼以外，其明显特点是两旋翼轴不平行，是分别向外侧倾斜的，且横向轴距很小，所以两副旋翼在机体上方呈交叉状。这种直升机的最大优点是稳定性比较好，适宜执行起重、吊挂作业。最大缺点是因双旋翼横向布置，气动阻力较大。但由于它的两旋翼轴间距较小，所以其气动阻力又要比双旋翼横列式直升机小一些。由于设计时已经考虑了两个旋翼之间的协调性，因此两个旋翼在工作时不会发生碰撞。

　　研制双旋翼交叉式直升机的公司主要是美国的卡曼公司。早在 1950 年代，卡曼公司就研制过双旋翼交叉式直升机 K-600（军用编号为 H-43）。以后在漫长的 40 年中，双旋翼交叉式直升机似乎就销声匿迹了。

　　1990 年代初，卡曼公司瞧准了民用直升机还缺少专门用于吊挂作业的直升机，于是研制了 K-MAX "空中卡车" 双旋翼交叉式直升机。原型机于 1991 年 12 月 23 日首飞。1994 年 1 月 12 日第一架生产型直升机首飞并于同年 8 月获得

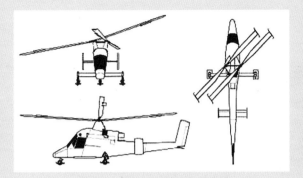

K-MAX 交叉旋翼直升机性能数据

旋翼直径：14.73 米

机长（旋翼旋转）：15.85 米

主轮距：3.56 米

纵向轮距：4.11 米

空　重：2,180 千克

最大挂载：2,700 千克

美国适航证，随后又在加拿大完成了适航注册。K-MAX 可以完成如木材运输、灭火、架线、设备吊装和建筑构件吊装等多种任务，并且可靠性高。目前使用 K-MAX 直升机的国家除美国外，还有日本、加拿大、瑞士、德国和列支敦士登等。

　　这一节里，我重点介绍我自制的这个漂亮的 K-MAX 直升机，它是我自制中的精品。网上下载的图纸虽然有点"马赛克"了，但是不影响我的制作。1/72 的施工图搞定，第一步是做机身，后机身是用原来废弃的 1：200 舰船的水线底板制作的。用蚀刻片锯子慢慢锯好了三片，夹在一起搞定，中间一片做垂尾刚刚好。驾驶舱是空心的，用 0.5 毫米的 ABS 片搭起来，考虑到窗框强度不够，里面用铜片补强了。机身的大部件到位了，驾驶舱里面喷了深灰色。现在需要找到透明胶片来做驾驶舱玻璃，在找遍各种有曲面的透明胶片，比如矿泉水瓶底、电器包装盒等等，最后决定用小学生文具用品的透明包装来做玻璃窗，封窗户的工作花了九牛二虎之力，在粘、拆反复几次以后，终于让玻璃窗比较准确的粘上

K-MAX 直升机模型照

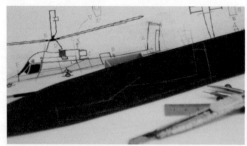

后机身是实心的

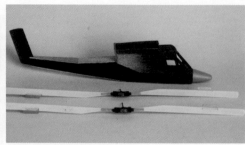

驾驶舱是空心的

小学生文具用品的透明包装做座舱玻璃

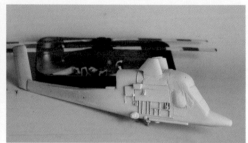

遮盖好座舱玻璃后喷上白色水补土

找到各种部件的代替品

精彩的机舱撬垫

去了，然后喷水补土检查缝隙，制作的难点终于过去了。自制模型在过程中的一大乐趣就找各种板件合适的替代品，当然你要有一定的废弃板件的储存量，举例讲，这次模型上的起落架横梁是 1/200 亚利桑那号上的主炮活动炮架，套进一套起落架正合适。机轮上的撬垫是用的是 1/350 的舰船水密门蚀刻片的外圈，居然像原配零件一样到位。后面的步骤都是常规的做法，广大模友的手艺比我强得多，我这里不赘述了。水贴不可能和照片对得上号，求个感觉到位就可以了。

　　K-MAX 直升机奇特的造型、漂亮的涂装，很值得细细把玩。再次感谢模友给我的制作建议，促成了我这次自制模型的成功。

不同视角的 K-MAX 模型照

8

勤勉敬业的空中骆驼——米-171

米-171直升机

　　米-171直升机是由俄罗斯米里设计局设计的米-8AMT的外销型,和米-17直升机一样是米-8直升机的改良版。米-171直升机于1988年开始研究及制造,1991年投入生产。主要用来执行航空运输、客运和搜索及救援任务,载客量为20至26人。擅长于气候极坏、地面能见度低或者高原地区安全飞行和着陆。米-171是米-17的重大改进型号。

　　中国陆军航空兵于1990年代开始装备此机型。从1992中国军队进口俄制17/171系列攻击运输直升机开始,至2007年最新一批24架交货完毕。

　　我军陆航的米-17与米-171军用运输直升机攻击运输直升机装有火箭巢,里面装的是国产57毫米-1/2型火箭弹,火箭弹最大速度2马赫,可攻击5000米处的目标。

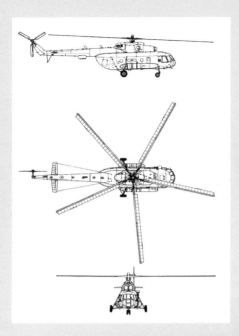

米 –171 直升机性能数据

旋翼直径：21.29 米

机　长：20.17 米

机　高：4.76 米

空　重：7,055 千克

最大起飞重量：13,000 千克

最大速度：250 千米 / 小时

升　限：5,000 米

最大航程：570 千米

动　力：TV3–117VM

　　　　涡轴引擎 2 台

乘　员：20~26 人

不同视角的米 –171 模型照

9

"黑鹰"直升机和它众多的兄弟们

UH-60 直升机

　　UH-60 中型通用直升机，美国陆军将其命名为"黑鹰"(Black Hawk)，是美国西科斯基公司在 1970 年代为美国陆军研发的四旋翼双发中型通用直升机。UH-60"黑鹰"衍生出了许多型号和版本，彰显了其近乎完美的通用性。例如美国海军陆战队运输直升机"夜鹰"（Night Hawk）、美国空军特种行动机"铺路鹰"（Pave Hawk）、澳大利亚武装直升机"战鹰"（Battle Hawk）、美国海军反潜 / 运输直升机"海鹰"（Sea Hawk）和 HH-60H"救援鹰"等。

　　该机的全面研制工作于 1978 年 2 月 28 日开始，1979 年 12 月 12 日首次试飞。1983 年 4 月，生产型开始交付使用。除美国之外还有 20 多个国家和地区购买了 UH-60，这些出口型号一般都称作 S-70 直升机（即西科斯基公司编号）。UH-60 以其 4500 多架的生产量成为世界上生产数量最多的直升机之一。

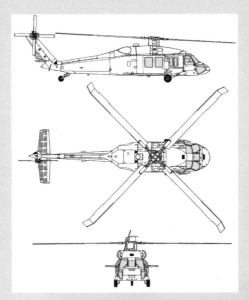

HH-60H 直升机性能数据

旋翼直径: 16.36 米

机　长: 19.76 米

机　高: 5.13 米

空　重: 4,819 千克

最大起飞重量: 11,113 千克

动　力: T700-GE-701
　　　　涡轮轴引擎 2 台

最大速度: 357 千米 / 小时

作战半径: 592 千米

升　限: 5,790 米

武　器: 机枪 / 火箭弹 / 导弹

乘　员: 至少 2 名飞行员

载　员: 14 名士兵 / 6 具担架

不同视角的 HH-60H 模型照

10

盘旋在树梢上的"黑鲨"

卡-50直升机

卡-50"黑鲨"（北约代号：Hokum A）是俄罗斯卡莫夫设计局设计的单座武装直升机。卡-50具有与众不同的独特结构，拥有三个世界第一：世界第一架采用单人座舱的武装直升机，第一架采用同轴反转旋翼的武装直升机，第一架装备弹射救生座椅的直升机。可用于执行反舰、反潜、搜索和救援、电子侦察等任务。

卡-50的主要武器是AT-9"旋风"导弹，该型导弹是一种管射式反坦克导弹，全重60千克，射程8~10千米，能超音速飞行，可穿透900毫米厚的装甲，一次可携带16枚，分4组挂载在两侧短翼下的4个挂架上。此导弹也可用于空战，甚至能攻击海上的导弹快艇。

短翼上的4个挂架也可以挂载B-8火箭弹舱4个，一共可容纳80发S8

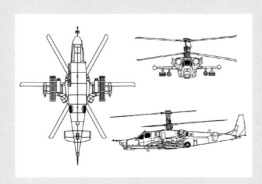

Ka-50 武装直升机性能数据

旋翼直径：14.50 米

机　长：13.50 米

机　高：5.4 米

空　重：7,800 千克

最大起飞重量：10,800 千克

动　力：TV3-117VM 引擎

最大速度：390 千米/小时

航　程：1,160 千米

武　器：机炮/导弹/火箭弹

乘　员：1 人

型 80 毫米空-地火箭。其他武器包括 AS-12 导弹、FAB-500 型炸弹与两个 23mm 机炮吊舱。卡-50 还可携带 P-60M 和 P-73 等红外制导空-空导弹。

卡-50 机身右侧固定炮塔内安装了一部液压驱动的 2A42 型 30 毫米航炮。这种航炮与 BMP-2 步兵战斗车使用的火炮互相通用，虽然和西方航炮相比要重一些，但在沙尘、高温、潮湿的环境里，仍显得相当可靠。

不同视角的卡-50 模型照

11

树梢杀手——长弓阿帕奇

AH-64D 直升机

　　波音公司的 AH-64"阿帕奇"直升机，是现在美国陆军主力武装直升机。发展自美国陆军 1970 年代初的先进武装直升机（Advanced Attack Helicopter，AAH）计划，作为 AH-1"眼镜蛇"攻击直升机后继机种。AH-64 武装直升机现已被世界上 13 个国家和地区使用，包括日本、中国台湾和以色列。AH-64 以其卓越的性能、优异的实战表现，自诞生之日起，一直是世界上武装直升机综合实力排行榜第一名。

　　后续型 AH-64D"长弓阿帕奇"（Apache Longbow）是搭载了先进的传感与武器系统的全新改良型。D 型与 A 型最大的不同，在于主旋翼上方装置了 AN/APG-78"长弓"毫米波雷达系统。由于雷达装置的位置较高，使得 AH-64D 可以藏匿于掩蔽物，如在高地、树木、建筑物的后方进行侦测与攻击，也可用机载设备与周边的 AH-64D 交换攻击目标的信息。因此只要一架 AH-64D 露出雷达观测目标，就可以与多架 AH-64D 协同进行攻击，大幅增加了攻击的效率与安全性。而毫米波雷达也可拆卸并安装于其他同型直升机上，即使是未配备毫米波雷达，但仍搭载了先进武器系统的 AH-64，也同样称为"长弓阿帕奇"。我们可以看出 A 型和 D 型在外形上的细微差别，A 型机身外的短舱比 D

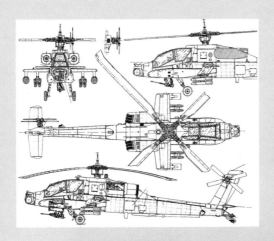

AH-64 武装直升机性能数据

旋翼直径：14.63 米

机　长：17.73 米（连主旋翼）

机　高：3.87 米

空　重：5,165 千克

最大起飞重量：10,433 千克

动　力：T-700 涡轮轴引擎二台

最大速度：365 千米 / 小时

巡航速度：265 千米 / 小时

战斗半径：480 千米

武　器：机炮 / 导弹 / 火箭弹

乘　员：2 人

AH-64 模型照

型的要略短一点。

　　美国陆军于 2012 年 10 月表示，AH-64E 型"长弓阿帕奇"将是该系列中的最新型号，波音公司与军方签约将开始加速生产进度。这将会是美国陆军从 Block I（批次）到 Block II（批次）投入制造以来最重大的改型。负责此项目的陆军上校杰夫·海格表示，每年将有 48 架销往国外，而美国陆军将添购 480 架。

　　这个模型的板件很便宜，但是考证不严谨。机身外左右的短舱是 A 型的样式，而"长弓阿帕奇"的机身外的短舱基本上要包住机鼻的。但是板件却附有毫米波雷达包，我想当然地给它安了上去，自以为做的是"长弓阿帕奇"。照片放到网上以后，被细心的模友检出问题，经和照片核对，发现错误。令人遗憾的是，因为胶水粘得很牢，雷达包取不下来了，只能将错就错，在此先向大家致歉，敬请原谅这个不伦不类的 AH-64。

12

美国陆军曾经的标志性形象

UH-1 直升机

　　UH-1 是美国贝尔直升机公司所设计制造的军用中型通用直升机，根据美军命名传统正式命名为"伊洛魁"，而贝尔公司另起了一个绰号"休伊"。UH-1 直升机为多用途设计，其 U 代表通用（Utility），从运补作业到攻击任务。它是美军批量装备的第一款搭载了涡轮轴引擎的直升机。它的民用版本是贝尔 204。美国陆军的 HU-1 直升机在 1959 年首次服役，产量超过 16000 架，其中约 7000 架曾服役于越南战争。在越战中，UH-1 直升机成为美军标志性形象出现在媒体的新闻图片中。

　　UH-1 的改型很多，除供美

UH-1 参与了越南战争

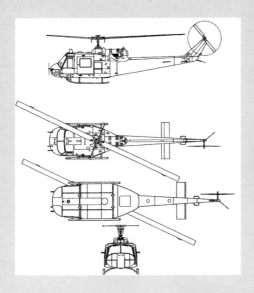

UH-1 直升机性能数据

旋翼直径：14.63 米

机　长：17.62 米

机　宽：2.86 米

机　高：4.41 米

动　力：T53-L-13 涡轮轴引擎 1 台

最大速度：207 千米 / 小时

升　限：3,800 米

最大起飞重量：4,309 千克

载重量：1,759 千克

乘　员：2 人

载　员：13 名士兵

国武装部队使用外，还出口至欧、澳、亚各洲许多国家和地区，是世界上生产数量最多的几种直升机之一。从 1980 年代开始，其地位逐渐被 UH-60 直升机代替。UH-1 系列的各种型号均已停产。

UH-1 直升机插图

13

专事对地攻击的"眼镜蛇"

AH-1"眼镜蛇"直升机

　　1960年代中期，美国陆军根据越南战场上的实际需要，迫切需要一种高速的重装甲重火力武装直升机，用来为运兵直升机提供沿途护航或为步兵预先提供空中压制火力。因为用普通运输直升机不仅速度慢，且无装甲保护，临时改装的机枪火力也不强，不能满足美军的作战要求。

　　AH-1"眼镜蛇"直升机，是1960年代中期，由贝尔直升机公司为美军研制的专用反坦克武装直升机，也是当时世界上第一种反坦克直升机。由于其飞行与作战性能好，火力强，被许多国家采用，几经改型并经久不衰。AH-1的原型机为单引擎。而使用双引擎的AH-1W直升机被称为"超级眼镜蛇"。

　　AH-1W直升机可灵活装载不同武器（能发射"陶"式/"地狱火"两种导弹），现主要使用能够摧毁一切装甲的"地狱火"导弹，还有70毫米火箭巢和一挺M197机载航炮。"眼镜蛇"直升机在执行昼间武装侦察任务和安全巡逻任务方面非常有用。

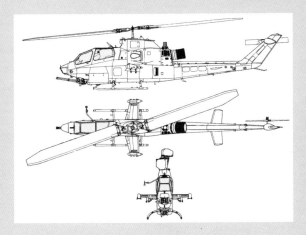

AH-1W 武装直升机性能数据

旋翼直径: 14.6 米

机　长: 13.6 米

机　高: 4.1 米

空　重: 4,953 千克

最大起飞重量: 6,690 千克

动　力: G E-T700 2 台

最大速度: 352 千米 / 小时

航　程: 587 千米

武　器: 机炮 / 火箭弹 / 导弹

乘　员: 2 名（串列布局）

UH-1 是世界首款反坦克武装直升机

14

神州大地惊现一掠 "霹雳火"

武直 –10 直升机

　　武直 –10（代号"霹雳火"）武装直升机由中航二集团中国直升机研究所（602所）设计。昌河直升机公司试制生产的武装直升机，也是中国第一款自研的武装直升机。2006 年首次出现在网络上，2012 年在中国国际航空航天博览会上，官方公开武直 –10 直升机信息。2012 年 11 月 18 日，中国中央电视台报道武直 –10 开始列装中国人民解放军陆军航空兵部队。

　　武直 –10 计划始于 1992 年，由全国 40 余家相关院所立项开发，为陆军重点攻关项目。武直 –10 其主要任务为树梢高度战场攻击，消灭包括敌地面固定和机动的有生力量，并兼具一定的空战能力。WZ-10 未来将配合设有顶置瞄具的 Z-11 轻型直升机取得目标信息，可完全在接敌隐蔽处发动进攻，故战场生存能力极强。它的整体作战性能与技术性能，将与欧洲的"虎"式攻击直升机相当；对地攻击作战效能与美国的"眼镜蛇"和意大利的 A-129 直升机相当。

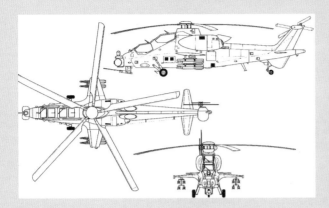

武直 -10 直升机性能数据（推估）

旋翼直径：13.0 米

机　长：14.15 米

机　高：3.85 米

空　重：5,540 千克

最大起飞重量：7,000 千克

动　力：WZ-9 涡轴引擎 2 台

最大速度：约 300 千米 / 小时

升　限：6,400 米

武　器：机炮 / 火箭弹 / 导弹

乘　员：2 人

中国陆航装备的武直 -10

15

长着鳄鱼嘴巴的"雌鹿"

米 -24 直升机

　　米 -24 武装直升机是苏联米里设计局研制的第一代专用武装直升机，北约代号"雌鹿"，是苏联第一款多用途武装直升机。它主要用于为己方坦克部队开道，清除防空火力和各种障碍；为米 -8 和米 -17机群护航。米 -24 于 1960 年代末开始研制，1971 年定型，1972 年底试飞并批生产，1973 年装备部队。曾出口到 30 余个国家和地区。"雌鹿"不但具有强大的攻击火力，而且还有一定的运输能力。

　　苏联飞行员昵称米 -24 为"飞行战车"或"鳄鱼"，因为外型轮廓和迷彩纹路与鳄鱼有点相似。米 -24 的旋翼系统是在米 -8 部件的基础上发展而来的。在当今世界的武装直升机中，米 -24 拥有最丰富的作战经验。从其入役到苏联解体的 20 年时间里，曾参与世界 3 大洲 30场以上的战争和武装冲突，饱经战火的洗礼。

　　除了我们前面已经介绍了的各款武装直升机以外，还应该提一提

米-24 的武装直升机性能数据

旋翼直径: 17.3 米

机　长: 17.5 米

机　高: 6.5 米

空　重: 8,500 千克

最大起飞重量: 12,000 千克

最大速度: 335 千米 / 小时

航　程: 450 千米

升　限: 4,500 米

乘　员: 2~3 人

载　量: 8 名步兵 / 4 副担架

与它们旗鼓相当的其他几款直升机。欧洲"虎"式直升机,它是由欧盟多国共同研制的一款武装直升机,其装备的 EuroGrid 数字地图系统可显示彩色地貌地形图,并随着直升机的飞行同时移动。意大利 A-129 直升机,A-129 采用两个独立的红外夜视系统、头盔显示器,提升了夜间和恶劣气象下的战斗力。机上的管理飞行和作战任务分系统,武器系统有较大改善。南非"茶隼"直升机,独傲地盘旋在非洲大陆上空,却找不到一个可以比试的对手。

　　美国 RAH-66"科曼奇"武装直升机,它全面采用隐身技术和数字化技术,是直升机家族中第一种隐身直升机,称得上是世界上第一种完全数字化及部分智能化的直升机。令人唏嘘的是: 2004 年 2 月 23 日,美国国防部宣布取消"科曼奇"直升机项目,这个始于 1983 年,已经耗资 69 亿美元,拟投资 380 亿美元的计划被终止了。这是因为"科曼奇"的研制始于 1983 年,其所有的作战要求都是针对冷战时期欧洲环境下的态势。而在当前反恐战争为主的情况下,"杀鸡无需牛刀"。而且在目前战场上,地对空导弹和高射炮的作战能力已经大幅提高,严重威胁到它的生存空间。而目前先进的无人机基本能完成"科曼奇"的作战 - 侦察任务。无人机研发和使用成本低廉,不存在驾驶员的伤亡问题。终于,无人机又一次替代了有人机。

16

鱼和熊掌兼得的 "鱼鹰"

V-22 倾转旋翼机

　　V-22 "鱼鹰" 倾转旋翼机是由美国贝尔公司和波音公司联合设计制造的一款新型航空器，倾转旋翼机具备直升机的垂直升降能力，但又拥有固定翼螺旋桨飞机较高速、航程远及耗油耗低的优点，其时速高达 500 千米，是世界上飞最快的 "直升机"。V-22 设计于 1980 年代开始研发，是在贝尔的实验机 XV-15 试飞成功的基础上展开的。2007 年开始在美国海军陆战队服役，以取代服役有年的 CH-46 "海骑士" 直升机的救援及作战任务。2009 年起，美国空军也开始空军衍生型号的部署。

　　倾转旋翼机是一种性能独特的旋翼飞行器，当它的发动机直立时，飞机可垂直起降；发动机转到水平方向时，飞机则如同固定翼的涡轮螺旋桨飞机的模样，可高速巡航飞行。设计思想已突破了传统直升机的范畴，属于新原理旋翼构型，是直升机技术突破性、跨越性的发展、是直升机行业带有革命性的一项

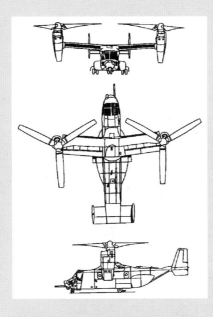

V-22 倾转旋翼机性能数据

旋翼直径：11.6 米

翼　展：25.871 米（连旋转翼）

翼面积：28 平方米

机　长：17.5 米

机　高：5.5 米

空　重：15,032 千克

载　量：24 人 ~32 人或 6,800 千克物资

动　力：罗－罗 T406 涡轴引擎二台

最大飞行速度：509 千米 / 小时

巡航速度：396 千米 / 小时

航　程：1,627 千米

升　限：7,925 米

乘　员：4 人

XV-15 倾转旋翼实验机

高技术，也是直升机技术发展的必然结果。

　　早在 1940 年代末期，美国贝尔直升机公司就开始了倾转旋翼机技术研究。1951 年，贝尔直升机公司在军方的支持下开始研制 XV-3 倾转旋翼机。1955 年 8 月第一架 XV-3 倾转旋翼试验机以直升机模式进行了首次垂直起降飞行试验。1958 年 12 月 12 日，XV-3 第二架原型机在美国爱德华空军基地试飞。同月 18 日，该机成功地完成了两副旋翼倾转90°的飞行试验，整个倾转过程只需 10 秒钟，这标志着倾转旋翼机技术

不同视角的 V-22 模型照

取得了重大的进展，同时也引起了美国航空航天局和军方的高度关注，随后便有了贝尔的 XV-15 项目以及目前大行其道的 V-22 "鱼鹰"。

V-22 在试飞和入役初期，事故频发。当其从起飞状态过渡到平飞状态时，飞行速度较低、自身的操稳特性差、姿态控制复杂，发动机舱无论是从垂直位置转至水平位置还是由斜上方位置回到平飞位置，都存在着一定的风险。一旦有一台发动机停车，或两台发动机工作不同步、发动机舱转动的角度不一样，便会发生事故，甚至机毁人亡。反之，在由平飞转至着陆的过渡阶段，危险也同样存在。从"鱼鹰"的几起坠机情况看，飞行事故几乎都发生在起降过程，尤其是着陆状态。到目前为止，这个可能是个未知的空气动力学问题，还有待彻底解决。

倾转旋翼机和直升机不是一回事

1991 年，"鱼鹰"倾转旋翼机曾获得美国国家航空协会颁发的"重大航空进步奖"，由于倾转旋翼机集直升机能垂直起降和涡轮螺旋桨飞机能高速飞行的优点于一身，世界各国竞相在这方面加强了研究。相信在不久的未来，天际线上将出现大批倾转旋翼机的身影。

在模型直升机分队的最后一节，我们迎来了全新概念的倾转旋翼机 V-22。2005 年，我第一批制作的直升机来了个集合，最后，值得我们高山仰止的，是这些人类发明的航空器的鼻祖，固定翼飞机"飞行者一号"、旋翼直升机 Fw-61 和 R-4。经过百年的繁衍发展，航空器已经成为人类生活方式一个必不可少的组成部分。

"飞行者一号"

R-4

Fw-61

后记

当我们浏览了77架战机的模型照片和23架战机的图片资料以后，我的"百年飞行联队"在大家的视线中缓缓地离去。人类在利用轻于空气的航空器——气球和飞艇进行飞行成功的同时，许多航空先驱者对于重于空气的航空器也在进行探索和试验。终于，我们有了美国莱特兄弟制造的"飞行者一号"飞机振奋人心的一跃。从此，带着引擎轰鸣声的航空器展翅长空，成为人类必备的"飞行魔毯"。除了航空器以外，人类还研制了空天一体化的航空器——航天飞机。航天飞机以火箭发动机为动力飞出大气层，又可像飞机那样返回大气层降落，它是航空和航天科学技术综合发展的结果。1981年4月美国"哥伦比亚"号航天飞机首次遨游太空，标志着航空与航天技术进入了进一步结合的新阶段。

随着科学技术的发展，影响了航空科学技术的深刻变革。1960年代，飞机开始使用计算机、捷联式惯性导航和塔康导航系统、机载脉冲多普勒雷达、飞机飞行自动控制系统等。在七八十年代，军用飞机上的机载电子设备在飞机总成本中的比例，已增加到30%～60%，为人工智能操控的新型无人机登场提供了无限的可能，航空工业已经成为微电子产品的重要市场。1980年代开始，飞机已经广泛使用新型复合材料。美国的F-18等战机上已达到10%～26%，这就能大大减轻重量和降低成本，使航空器的性能产生新的飞跃。世界上的军事大国一直没有停止新型战机的研制，多国的第六代战机方案已经见诸网络和报端。

把我1/144比例的两个大飞机模型放在一起：一个是以杀戮为己任的B-2战略轰炸机，一个是横渡大西洋的"协和"式超音速客机；一个遍身乌黑，犹如一只模样凶残的毒蝙蝠，一个通体洁白，像似外形优雅的美天鹅；一黑一白，一个代表战争，一个代表和平。两者的共置，引起了战争与和平的不尽话题。这最后两个模型的共置，是无意识的偶然巧合，还是潜意识中的宿命！让我们在本书的结尾以前，来思考攸关人类生存的战争与和平的严肃主题，我们必将用美丽的大鸟来驱逐凶残的蝙蝠。让天空永远平静和蔚蓝，让人类远离战火的蹂躏。在毕加索描绘的人与和平鸽融为一体的美图中，我们看到人类对和平的祈望。让我们呼唤在天空自由翱翔的和平鸽，期盼它们永远传达着和平的信息，祝愿它们永远象征着天空的主人、祝福它们永远代表着世界的和谐与平安，让

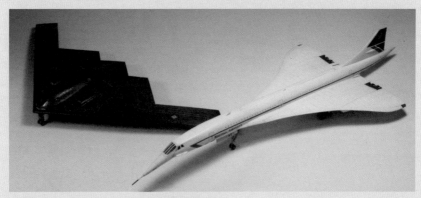

B-2 轰炸机（左）和"协和"超音速客机模型照

湛蓝的天空永远成为和平的天堂。

历时 2 年的模型飞机制作在断断续续中完成了，模型制作已经告一段落。历时 1 年的"百年飞行联队"写作完稿了，文档画上了最后的句号。

我生命中的一大乐章——这辈子钟爱的模型制作——在跌宕起伏之后，已经归于静寂。

完稿于 2015 年秋

让湛蓝的天空永远成为和平的天堂

参考书目

铁血工作室：《战空中的鹰－战机》，人民邮电出版社，2011 年版

森林野人等编辑：《世界航空史》，2006 年 2 月

飞行器三视图主要来自：http://atallguy.com/Simple-Multi-View-Plans 网站的《Airplane and Helicopter Plans－Multi-View's》

部分图文资料来自：百度百科、互动百科、维基百科等网站

部分文章发表于杂志

"飞行者一号"双翼飞机模型制作详细文稿见"模型世界"2011 年第 2 期

"蜻蜓"轻型飞机模型制作详细文稿见"航空世界"2016 年第 8 期

"布莱里奥 11"型单翼机模型制作详细文稿见"航空世界"2016 年第 10 期

"寇蒂斯 1"型飞机模型制作详细文稿见"航空世界"2016 年第 11 期

"鸽"式飞机模型制作详细文稿见"航空世界"2016 年第 5 期

"鸭子"水上飞机模型制作详细文稿见"航空世界"2016 年第 4 期

"竞赛者"单翼飞机模型制作详细文稿见"航空世界"2016 年第 7 期

"莫拉纳－索尔尼埃 L"型战斗机模型制作详细文稿见"航空世界"2016 年第 6 期

"Fw-61"直升机、"R-4"直升机、"K-MAX"交叉旋翼直升机

模型制作详细共同文稿见"模型世界"2015 年第 1 期

"协和"式超音速客机制作详细文稿见"航空世界"2007 年第 11 期